新型职业农民培育系列教材

农村金融与涉农保险

邢宁宁　主编

中国农业科学技术出版社

图书在版编目（CIP）数据

农村金融与涉农保险 / 邢宁宁主编 .—北京：中国农业科学技术出版社，2017. 12（2023.12 重印）

ISBN 978-7-5116-3369-9

Ⅰ. ①农…　Ⅱ. ①邢…　Ⅲ. ①农村金融-研究-中国②农业保险-研究-中国　Ⅳ. ①F832. 35②F842. 66

中国版本图书馆 CIP 数据核字（2017）第 276693 号

责任编辑　白姗姗
责任校对　贾海霞

出 版 者　中国农业科学技术出版社
北京市中关村南大街 12 号　邮编：100081
电　　话　(010)82106638(编辑室)　(010)82109702(发行部)
(010)82109709(读者服务部)
传　　真　(010)82106650
网　　址　http://www.castp.cn
经 销 者　各地新华书店
印 刷 者　北京建宏印刷有限公司
开　　本　850mm×1 168mm　1/32
印　　张　4. 875
字　　数　122 千字
版　　次　2017 年 12 月第 1 版　2023 年 12 月第 8 次印刷
定　　价　29. 80 元

《农村金融与涉农保险》
编　委　会

前　言

农村金融知识普及是培育有文化、懂技术、会经营的新型农民之必须。近年来，互联网金融发展如火如荼，农村金融也逐步深入。2017 年中央一号文件继续聚焦农业领域，支持农村互联网金融的发展，提出了鼓励金融机构利用互联网技术，为农业经营主体提供小额存贷款、支付结算和保险等金融服务。同时，随着社会的快速发展进步，互联网金融及互联网电子商务进入广大农村。与此同时，一些金融诈骗的黑手伸向广大农村的农民身上。为此我们编写了本书，使金融知识真正走进农村，提高农民对金融知识的认识，了解金融与经济发展的关系。

由于编者水平所限，加之时间仓促，书中不尽如人意之处在所难免，恳切希望广大读者和同行不吝指正。

编　者

2017 年 7 月

目　录

第一章　农村金融及金融市场

第一节　农村金融概述

一、农村金融的定义和特殊性

（一）农村金融的定义

农村金融指农村金融货币资金的筹集、分配和管理活动，它以信用为手段，以农村为特定运作环境，以资金为实体，以货币资金融通为其表现形态。

（二）农村金融的特殊性

农村金融具有所有金融活动共同特点，由于其面对农村经济这个特定的领域，服务于农村经济，因此还具备一些特殊性。

1. 涉及范围广

农村资金运作和信用关系涉及农村经济领域的各个方面，不仅涉及农业生产，还涉及农村经济中发展起来的工商业；不仅涉及农村本地的资金流动，也涉及与农村进行各方面经济往来活动的地区。

2. 风险较大

首先，作为农村经济主要部分的农业生产容易受到自然灾害的影响，因此具有不可预测的风险，使得其产出具有不稳定性。主要产出的不稳定必然会带来农村金融机构业务展开的风险。其次，货币流通较慢周期较长。农业生产受到自然条件以及季节性的限制，给资金的流通带来了一定程度的阻碍。

3. 难以管理

农村地域广大，自然条件各不相同，生产经营项目千差万别，同时由于受到各方面条件的限制，其劳动效率也参差不齐，这一点在经济欠发达的国家和地区尤为明显。同时，风险性和各涉及面侧重需求的不同也给农村金融的统一化管理带来了艰难的挑战。

4. 政策影响

农业是国民经济的根本，国家为支持农业产业发展，改善农业人口生活状况，会给以政策和资金的帮助扶持，因此农村金融必须依照国家的农业经济发展的政策方向来开展业务。

二、农村金融的重要地位

从本质上来讲，农村金融是活动、部门和企业三位一体的有机结合。以农村金融活动为农村产业运行中的媒介，以农村金融部门为农村产业结构中的向导型产业，以农村金融企业作为农村经济网络中的中间枢纽。

（一）农村金融在农村再生产活动中处于中介地位

农村金融的主要职能是组织存款、发放贷款和货币流通，既要服务于生产又要服务于消费。农业生产各种物质资料的购买、农产品的销售以及农村其他非农生产经营活动都是以货币交换的形式进行的。作为专门从事农村社会货币资金再分配的信用中介，通过再分配实现货币资金对生产资料的分配。如果没有农村金融的能动作用，农村商品的再生产活动会受到极大的限制。农村实行统分结合的双层经营体制后，只有顺利地实现了生产要素的有效重组，才能达到加速经济发展的目的。

（二）农村金融部门是农村产业结构中的向导型产业

农村经济的发展离不开产业结构的调整和农村资源的重新配置。产业链既涉及生产要素的供应，也关系到商品的需求，这些都与货币和信用问题紧密相关。在宏观上，金融部门可以按照不同时期的国家政策要求，通过放松和紧缩银根来调节实际购买力，既能影响供求结构又能控制供求总量，从而促进农村产业结构的优化。

（三）农村金融是农村资金的总枢纽

农村各个行业和各个经营单位在农村内部和城乡之间构成巨大的经济网络，各种类型的生产经营活动所需要的资金与金融活动密不可分。将农村闲置货币资金集中于农村金融机构，再通过金融机构流入市场；农村中的银行和信用社在为大量的农村经营单位办理着贷款的发放和存款提取的出纳业务，起到对货币资金再分配的作用；农村经营单位的资金支垫，很大一部分是靠金融企业的贷款，而所有的货币资金，除了少量现金外，也都是以存款的形式存放在银行或信用社的账户上。国家对农业的无偿拨款和通过信用方式对农业的补贴支援，也是通过农村金融机构的支付和放贷完成的。农村金融机构的总枢纽地位，既有利于农村经营活动的灵活操作，也有利于国家实施农村经济的宏观调控政策。

三、农村金融的职能作用

农村金融是构成一个国家宏观金融体系的重要组成部分。基于“经济决定金融，金融反作用于经济”这一理论，一个国家农村金融的发达程度是由该国农村经济发展情况所决定，同时农村金融状况的好坏在很大程度上影响着农村经济发展的速度。农村金融的作用是与它的职能紧密联系在一起的，职能发挥的效果就是它的作用最直接的体现。农村金融的职能就是通过信用手段调节货币流通和实现货币资金的再分配。在资金总量既定的情况下，金融活动越活跃，资金使用效率越高，因而它的作用主要表现在以下 3 个方面。

（一）农村金融的发展为农村经济的发展提供资本支持

农村金融的发展将通过提高农村储蓄率以及储蓄向投资的转化效率，增加农业发展的资本积累途径，为农村经济发展提供资本支持。大部分农民只会把收入用在消费和储蓄这两方面，这种分配方式对农村经济的发展非常不利，而农村金融的发展可以很好地改善这一局面。一是农村金融制度的完善、金融机构和金融市场的发展，在质和量上加速了农民用货币储蓄替代实物储蓄。二是农村金融制度的完善，使农村储蓄主体的投资渠道和方式有了更广阔的选择空间，既为风险的分散提供了可能，又为储蓄的增值提供了更多的机会，为未来消费的扩大创造了条件。

（二）农村金融的发展使资金投向更加合理

在整个社会中，经济增长的机会是平衡分配给各个区域的，不可能出现有些农户、企业及地区几乎没有可以有效利用的资源进行合理投资、消费的情况。与此同时，缺乏足够的资金进行投资、消费是农村所面临的另一大问题。如果农村金融机构能有效发挥其作用，加强资金的流通性，将一个地区、农户或企业的自愿储蓄集中起来用到另一些地区中，这样就能使闲置资金得到更为合理地利用，并且还能通过合理有效地运作，使现有资金获取较大收益。农民在扩大生产规模和改善生产、生活条件出现资金短缺时，农村信用社等金融机构可以帮助农民办理联户担保贷款、小额社员信用贷款，帮助农民实现脱贫致富。

（三）农村金融的发展促进了农业科技进步和农业生产率的提高

农村金融通过促进农业生产资源的再配置和规模节约，将大大促进农业生产率的提高。特别是在农业生产资源要素总量既定的前提条件下，优化资源配置并实现农业规模节约是其经济集约增长的显著要求。这不仅需要高效率的农村商品市场、劳动力市场、技术市场以及信息市场，而更要有发达的农村金融市场。在现代市场经济中，生产要素的运动变化表现为资金运动规模与形式的变化，生产要素的流转表现为资金的循环。透析现代市场经济的运行规律，表现为价值流引导实物流，货币资金运动引导物质资源运动。从此意义上讲，只有实现资金的合理配置，才能使各种资源得到合理的利用。同时，在农民生产交易的过程中，农村金融部门可以为其提供快捷的结算方式，提高资金使用效率，最终促进农村经济的发展。

第二节　农村金融与农村经济的关系

根据马克思再生产理论，在农村再生产中，生产、分配、交换、消费4个基本环节构成农村经济整体。而以信用活动和货币流通为主要内容的农村金融活动，处于农村再生产过程的分配和交换环节，是一个不可缺少的重要媒介。因此，农村金融与农村经济的关系，实质上是交换、分配和农村再生产的关系，是相互依存、相互制约、相互影响的关系。

一、农村经济决定农村金融

由于生产环节在农村再生产过程中起着决定性的作用，因此，农村金融与农村经济的关系集中表现在生产与交换、分配的关系上，即生产决定交换与分配，农村经济决定农村金融。农村经济对农村金融的决定作用主要表现在3个方面。

（一）农村生产力发展水平决定农村金融活动的规模与发展程度

在社会主义市场经济条件下，农村生产力水平的发展与提高，促进了农村商品经济的发展与活跃，这就为农村经济的货币化与信用化提供了必要的前提与基础。目前，在我国农村，由于经济发展的相对滞后，存在着一个不易摆脱的恶性循环，即低收入水平—低储存率—低投资率—低成长率—低收入水平。农村储存水平之所以低，主要是受到收入水平的限制。随着经济的发展，人们收入的增加，对金融服务的需求将会增加，农村经济对农村金融业的发展有着刺激作用。

（二）农村生产方式的变革推动着农村金融活动方式的变革

农村生产方式不再是单一的种植作物，承包、租赁等多种形式必然要求农村金融活动方式的管理体制做出相应的调整。农村经济形式的变化，决定了农村金融服务对象、服务种类、货币收支渠道等，要能适应新农村经济的要求。

【知识链接】

重庆农商行金融引擎助丰都打造“南方肉牛之乡”

作为本土最大的涉农贷款银行，重庆农商行在支农、惠农的过程中，积极创新思路，丰富信贷产品，不断强化金融服务，以助推农业产业化发展为着力点，为涉农企业、农户开辟了致富“直通车”。重庆农商行与丰都县政府签订合作协议，向丰都肉牛产业整体授信5亿元，这是重庆农商行针对丰都农业产业化首次超亿元授信。为了进一步促进丰都肉牛产业发展，该行还专门研发了“丰都肉牛养殖贷款”及“农户万元增收担保贷款”，同时充分运用“农户小额信用贷款”“农村专业大户贷款”“流动资金贷款”等信贷产品，持续加大对丰都肉牛企业、养殖户的信贷支持。

（三）农村经济效益的提高从根本上决定着农村金融效益的提高

农村金融属于农村第三产业，作为一个相对独立的农村产业，农村金融业必须追求自身的经济效益。但是，农村金融业作为农村第三产业之一，本身并不产生价值，其效益是建立在农村第一二产业所取得效益的基础之上的。只有在农村劳动生产率不断提高，农村各产业的经济效益也不断提高的情况下，农村金融业的效益才能实现并不断提高。

二、农村金融影响农村经济

（一）农村金融促进农业产业化快速增长

在产业结构调整开始时，如发展“一优双高”农业，需要引进技术、购置优良品种和进行农田基本建设，建立农产品加工厂需要购买设备、聘请技术人才，开办农产品批发市场需要市场基础建设资金，这时会需要大量启动资金，这些资金的来源首先是企业筹集自有资金，但自筹资金通常数额较少，因此需要农村金融部门的贷款支持。在农业企业化经营过程中，资金的潜在需求被充分激发，并转化为实际需求，这时将出现农业投资供给不足的状况。

（二）农村金融促进农村乡镇企业发展和小城镇建设

乡镇企业从发展之初就得到农村金融的信贷扶持，利用银行资金建筑厂房、购置设备、购进原料，银行还为这些企业提供流动资金贷款和资金结算服务。目前，迅速成长的乡镇企业要适应市场化、国际化和信息化的需求，投资主体要多元化和股份化，企业要向集团化和集约化发展，这些都要以资本为纽带来完成。在我国市场经济不断完善的情况下，农村金融提供的产品和服务应为农村乡镇企业健康发展提供重要支持。农村基础设施原本就不完善，农村城镇化对这些设施提出了更高要求，农村小城镇基础建设拉动金融需求。小城镇建设还带动了农村产业结构的调整，第二三产业不断增加，逐步取代农业现在的主导地位。随着农民进驻小城镇，房地产、乡镇企业、医疗、文化等产业迅速发展，这些都离不开农村金融的支持和服务。

三、农村金融与农村经济协调发展

农村金融与农村经济协调发展理论，是关于农村金融与农村经济之间关系及其发展的理想状态与实现过程的理论。该理论具体包含以下三部分内容。

（1）农村金融与农村经济协调发展，从“理想状态”上看，是为保持农村经济发展与国民经济发展相适应，开放系统中的农村金融与农村实体经济在制度和技术作用下，总量、结构和速度配合适当的良性循环态势，在本质上是农村资源在农村金融与农村实体经济部门的可持续性优化配置。

（2）农村金融与农村经济协调发展是宏观制度环境下二者相互促进达成的最优供求均衡。农村金融与农村经济既可以相互促进，又可以相互制约，其关系状况取决于政府及农村金融与农村经济系统发挥其功能的能力。国民经济发展要求和农村分工与交换的发展是农村金融需求的决定力量；平衡经济发展和利益集团要求的金融政策，以及农村金融资源报酬率和农村金融创新能力是农村金融供给的决定力量。农村金融与农村经济供求均衡具有多重性，只有满足农村经济发展和国民经济发展相适应的具有高稳定性的长期均衡，才能协调发展。

（3）农村金融与农村经济协调发展必须以良好的产业发展、信用关系和主体行为为条件。从约束条件看，在产业发展方面，农村经济主体使用农村金融资源的净收益应大于等于农村金融交易双方从事该交易的机会成本之和，并至少等于农村金融资源非农化的净收益率；农村金融交易总是优先在净收益率和资产积累高的地区、产业和经营者中达成；农村经济结构多元化、要素流动自由化，对农村经济主体使用金融资源的平均净收益率提出了更高的要求；政府要在交易规模不变的情况下实行管制，就必须有以财政支持为基础的政策性金融与之相匹配。

在信用关系方面，农村金融交易双方的信用水平、交易方式、交易动机对协调发展有着极为重要的影响，应注重通过制度创新，提高农村金融交易主体的信用水平，发展长期交易、关联交易、团队交易、抵押交易，并注意开展农村扶贫和救济，以改善农村金融交易动机。从微观基础看，农村金融与农村经济协调发展，必须以政府及农村金融与农村经济系统的功能发挥为基础，而系统功能发挥取决于微观主体的行为能力和系统内部的结构。

显然，农村金融与农村经济协调发展是国民经济协调发展的内在要求和重要内容。根据上述理论，农村金融与农村经济的协调发展，既表现在总量上，又表现在结构上；既受到宏观制度环境的约束，又受到农村金融和农村经济系统自身能力的限制；既是制度、技术和结构变迁相协调的过程，又是多样化实现手段相协调的过程。协调发展的基础是市场经济条件下政府、农村金融中介和农村经济主体功能的发挥，核心在于制度协调，重点是政府行为与市场行为的协调。据此可判断，中国农村金融与农村经济关系失调的根本原因是宏观制度环境的约束，具体表现为初始条件不足、发展战略偏差、二元经济和金融结构制约、分层治理中政府行为的相互冲突，以及思想认识不足和传统观念的限制。深层原因是农村经济发展的制约，具体表现为农村经济发展状态不佳、农民收入增长缓慢、农村经济比较利益低下、农村经济主体发育不良。直接原因是农村金融功能不足，具体表现为农村正规金融结构不合理、政策性金融发展不到位、商业性金融非农化发展、合作金融发展难度大、民间金融发展不规范、农村金融市场化改革落后。因此，我们对农村金融市场的研究，必然要放在农村金融与农村经济协调发展的目标框架之中，并且，加快农村金融市场的发展、促进农村金融市场的健康成长，必然会成为促进中国农村金融与农村经济协调发展的重要动力。

第三节 农村金融市场

一、农村金融市场含义

金融市场是指资金供应者和资金需求者双方通过信用工具进行交易而融通资金的市场，广而言之，是实现货币借贷和资金融通、办理各种票据和有价证券交易活动的市场。

金融市场又称为资金市场，包括货币市场和资本市场，是资金融通市场。所谓资金融通，是指在经济运行过程中，资金供求双方运用各种金融工具调节资金盈余的活动，是所有金融交易活动的总称。在金融市场上交易的是各种金融工具，如股票、债券、储蓄存单等。资金融通简称为融资，一般分为直接融资和间接融资两种。直接融资是资金供求双方直接进行资金融通的活动，也就是资金需求者直接通过金融市场向社会上有资金盈余的机构和个人筹资；与此对应，间接融资则是指通过银行所进行的资金融通活动，也就是资金需求者采取向银行等金融中介机构申请贷款的方式筹资。金融市场对经济活动的各个方面都有着直接的深刻影响，如个人财富、企业的经营、经济运行的效率，都直接取决于金融市场的活动。

农村金融市场是指在这个市场上，农村金融主体通过一定的机制将农村金融资源提供给农村经济的主体，为农村经济发展提供金融资源的支持，一般而言，农村金融市场是一个金融体系。在这个体系中，包括供给主体和需求主体以及第三方(如监管者和政府)。

农村金融市场的主体包括供给主体和需求主体。我国农村金融市场的供给主体可以分为正规金融机构和民间金融机构。农村正规金融机构又分为政策性金融机构、商业性金融机构、农村合作金融机构和新型农村金融机构。民间金融是相对于正式金融机构而言的，泛指不通过正式金融机构的其他金融形式及活动，包括农户民间金融和各类非正式金融组织的金融活动。农村金融市场的需求主体主要是农户和农村企业。农户和农村企业两类主体的金融需求是农村金融市场上最基本、最活跃的需求，也是最具有中国农村金融特点的需求。

二、农村金融市场的需求和供给特征

（一）需求特征

1. 金融需求数量扩大化

随着农村经济的发展，作为经济运行的媒介的货币资金也要随之增加。根据戈德史密斯的理论，资金需求量与经济总量之间有正相关关系，欠发达国家两者的比率约为0.8，但经济发展到一定水平后，这个比率会超过1。

2. 金融需求主体多元化

在幅员辽阔的农村，金融需求的主体有农民、从事非农的个体经济、私营业主、中小民营企业、乡镇企业和农业产业化龙头企业等。农民中有自耕型农民和出租型农民，有小规模农户和规模较大的农户。自耕型农民最为基本的金融需求为存款需求，生产规模较大的自耕型农户存在短期的生产性贷款需求，以及农业生产保险需求。出租型农民不独立从事生产经营活动，其需求主要是存款和非农业经营贷款需求。个体私营业主、中小民营企业和农业产业化龙头企业等最主要的是长期、短期经营贷款需求，跨地区从事经营活动的还存在资金结算的需求。

3. 金融服务需求全面化

(1) 存贷款是最基本的金融服务需求。

(2) 政策性服务需求。由于社会环境和文化水平等因素的制约，不少农户缺乏应有的金融知识，十分需要金融机构为其提供金融、信贷结算、利率等方面的政策、法规知识。

(3) 信息服务需求。农民还希望金融机构提供良种、生产、加工、经营、销售、市场、科技等信息，即需要在增产增收时提供全方位金融服务。

(4) 理财服务需求。目前农村的投资渠道狭窄，农民对积余的货币进行合理投资就需要正确运用储蓄、国债、保险等投资工具，增强规避风险能力，增长理财知识，合理进行消费，以期获得最佳的投资理财收益。

(5) 管理服务需求。农户在生产经营中普遍缺乏财会知识，迫切需要金融机构的信贷人员帮助他们树立经营观念，搞好经济核算，加强经营管理，提高盈利水平。

4. 金融工具需求多样化

随着农村经济的发展和农村居民金融意识的提高，农村金融需求主体趋向多元化，农村金融产品和服务需求趋向全面化，相应需要金融工具的多样化，从而满足不同金融主体的多样化金融需求。

(二) 供给特征

1. 农村金融供给主体数量减少，作用发挥有限

农村金融市场的供给主体主要是中国农业发展银行、中国农业银行、农村信用社。中国农业发展银行是政策性银行，目前仅负责农村粮棉收购等政策性贷款。其作为政策性银行的功能是提供短期和长期融资以及提供欠发达地区区域发展所需资

金。但是，由于其资金来源不足，业务单一，政策性金融的功能远没有发挥。中国农业银行是商业银行，由于市场定位的变化，它在农村的分支机构大量撤并，数量大为减少，仅存的少数机构也成了只吸收存款而不发放贷款的储蓄所。农村信用社是农村金融市场的主力军。但是，农村信用社长期以来功能定位不明晰，实际上就是官办的并带有行政色彩的“二农行”，其合作金融的“自愿、互助、互利、民主和低盈利性”的资金和金融服务的性质无法体现。

2. 农村金融市场上供给的资金数量日益减少

一般来说，农村金融机构通过开展存款业务从农村积聚的资金，应再投向农村以满足农村经济发展的需要。但实际上，大量农村资金通过这些金融机构流出了农村，使得农村资金供给严重不足。

3. 农村金融市场金融工具品种单一，数量稀少

我国的金融市场处于发育阶段，与发达国家的金融市场相比，金融工具无论是品种还是数量以及相应的融资额都较少。目前在我国农村金融方面，金融工具非常单一，人们的保值、投资渠道非常缺乏，现有的金融工具只有银行存单，保险单、股票、企业债券、基金远离农村市场，国债特别是记账式国债在农村也少有销售，严重影响农村金融市场的培育和发展。

4. 现有的正规商业性金融对农村金融需求的作用有限

由于我国当前较为紧张的人地关系，农村经济一般是以小规模农户家庭经营为基础，具有高度分散、生产技术水平低、组织化程度低的生产方式特征与当前以官办性、垄断化、集中化为主要特征的正规金融模式格格不入。农民大多尚处在生存经济状态，兼业性、生产消费合一性的特点使得农民资金使用的专项性、目的性不稳定，这也使得以项目价值为保证的正规商业金融的贷款考察程序和风险防范手段在农民身上失灵。此

外，由于农村土地的集体所有制性质，农民使用的土地及房屋和不动产不能进入抵押市场，农机具、牲畜等动产作为基本的生产资料同样不能抵押，也限制了商业银行等金融机构的有效介入。

5. 非正规金融供给的发展存在体制性障碍

非正规金融主要包括民间借贷、私人钱庄、合会等，由于采用较少抵押甚至无抵押的贷款方式，放贷手续相对简单、灵活、及时，信息发现机制和风险约束机制内生于农村经济的圈层结构，适应特殊的农村金融需求特别是农户需求的特点，因此，在目前的农村信用领域占有重要地位。但由于非正规金融供给的利率一般高于正式金融机构贷款利率的2~3倍，借款形式较为分散、隐蔽，监管较难、纠纷较多等，基本上长期处于初级和无序的状态，限制了其对农村金融需求的广泛支持作用。同时，由于非正规金融供给的合法性长期受到质疑，其持续发展也自然受到各种限制。

第二章　农村金融体系

第一节　农村金融体系概述

农村金融体系通常是指农村各种金融机构及其活动所构成的有机整体。广义的农村金融体系不仅包括正规的农村金融机构及其活动，而且包括非正规的农村金融组织以及个人借贷活动。

中国农村金融组织体系的形成和完善，在很大程度上是伴随着农业和农村经济发展而同步成长的。经过20世纪70年代末期以来的结构变迁，中国逐步形成了以农村信用社为基础、农业银行和中国农业发展银行为重要组成部分、其他商业银行和其他金融机构分工协作的农村金融组织体系。此外，还有办理农业保险业务的中国人寿保险公司及其分支机构、各级政府部门组建的一些金融信托投资公司等。通过不断深化农村金融改革，逐步形成了以合作金融为基础，商业金融、政策性金融分工协作的农村金融体系，为农业和农村经济的发展提供了有力的支持。

我国农村金融组织体系（图2-1）由正规金融机构与非正规金融机构构成，正规金融机构包括银行金融机构和非银行金融机构。非正规金融机构包括农村合作基金会、民间私人借贷组织等。我国农村金融组织体系的主体由中国农业发展银行、农业银行、农村信用社三大金融机构共同形成了一种政策金融、商业金融与合作金融分工协作的农村金融格局。其中，中国农业发展银行主要承担办理国家规定的农业政策性金融业务，承担政策性收购资金供应与管理工作。中国农业银行是我国最大涉农商业银行。农村信用合作社作为我国农村金融组织体系在农村基层的组织机构，直接面对农村各种不同的金融需求主体发放农业贷款，以农户为主要对象，重点支持农户的种植业、养殖业、农副产品加工和运销以及农户子女教育和消费支出等，同时支持部分农村集体经济组织。

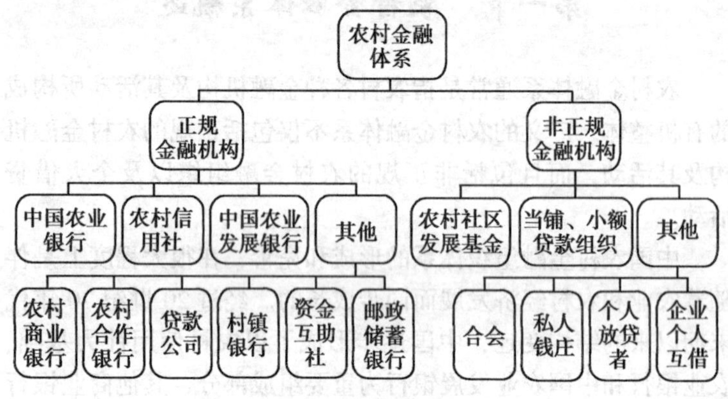

图 2-1　农村金融体系

经过多年发展，我国的农村金融体系日益完善，目前可以提供服务的农村金融机构主要包括国有商业银行（中国农业银行、中国银行、中国建设银行、中国工商银行）、政策性银行（主要是中国农业发展银行、农村合作银行）、新型农村金融机构（村镇银行、资金互助社、小额贷款公司）、保险公司、证券公司等。

第二节　中国农业发展银行

一、中国农业发展银行行徽行标（图 2-2）

标志以中国农业发展银行英文名称首字母“A”为构成元素，内含中国古钱币的造型，形象地传达了中国农业发展银行的行业特点。标志为正三角形，三角形具有稳定的结构，准确地表现了中国农业发展银行稳固的基础和雄厚的实力。标志似一座金色的大山，伟岸、博大、雄居在天地之间，寓意中国农业发展银行以构建和谐社会、建设中国新农村为己任，是社会主义新农村建设的坚强后盾。

图 2-2　中国农业发展银行行徽行标

中国农业发展银行是直属国务院领导的我国唯一的农业政策性银行，1994 年 11 月挂牌成立。中国农业发展银行的主要任务是：按照国家的法律、法规和方针、政策，以国家信用为基础，筹集农业政策性信贷资金，承担国家规定的农业政策性和经批准开办的涉农商业性金融业务，代理财政性支农资金的拨付，为农业和农村经济发展服务。中国农业发展银行在业务上接受中国人民银行和中国银行业监督管理委员会的指导和监督。全系统共有 30 个省级分行、300 多个二级分行和 1 800多个营业机构，服务网络遍布除西藏自治区外的中国大陆地区。

二、机构设置

中国农业发展银行在机构设置上实行总行、一级分行、二级分行、支行制；在管理上实行总行一级法人制，总行行长为法定代表人；系统内实行垂直领导的管理体制，各分支机构在总行授权范围内依法依规开展业务经营活动。中国农业发展银行总行设在北京。其分支机构按照开展农业政策性金融业务的需要，并经银监会批准设置。截至 2008 年 12 月 31 日，中国农业发展银行共有各级各类机构 2 151个，其中，总行 1 个，总行营业部 1 个，省级分行 30 个、省级分行营业部 30 个、地（市）分行 302 个、地（市）分行营业部 193 个、县级支行 1 594个（含县级办事处 3 个）。中国农业发展银行系统现有员工约 5. 9 万人。

三、业务介绍

中国农业发展银行的业务范围，由国家根据国民经济发展和宏观调控的需要并考虑到农发行的承办能力来界定。中国农业发展银行成立以来，国务院对其业务范围进行过多次调整。中国农业发展银行目前的主要涉农贷款业务如下。

（一）中央储备粮贷款业务

中国农业发展银行提供的中央储备粮贷款，是用于解决从事中央储备粮（含油，下同）经营管理的粮食企业执行中央储备粮计划的资金需要。

（二）地方储备粮贷款业务

中国农业发展银行提供的地方储备粮贷款，是指为支持粮食企业经营地方储备粮（包括省、市和县级储备，含油，下同）而发放的贷款。

（三）粮食调控贷款业务

中国农业发展银行提供的粮食调控贷款，是指为支持企业开展粮食调控业务而发放的收购资金贷款。粮食调控业务就是在国家粮食储备业务以外，企业从事政府委托的粮食政策性购销业务。

（四）粮食收购贷款业务

中国农业发展银行提供的粮食收购贷款，是指向企业发放的用于自主收购粮食所需资金的贷款。粮食收购贷款仅包括稻谷、小麦、玉米、大豆4个粮食品种的收购贷款。粮食收购贷款是准政策性业务。

（五）油料收购贷款业务

中国农业发展银行提供的油料收购贷款，是指向企业发放的用于在国内油料收购市场自主收购油菜籽、花生、芝麻、胡麻、油葵、油茶、油橄榄和棉籽所需资金的贷款。油料收购贷款是准政策性业务。

（六）粮食调销贷款业务

中国农业发展银行提供的粮食调销贷款，是指向企业发放的用于从中国农业发展银行开户企业购入粮食（含成品粮，下同）和按照国家调控政策进口粮食所需资金的贷款。

（七）粮食加工企业贷款业务

中国农业发展银行提供的粮食加工企业商业性流动资金贷款，是指依据国家政策规定，为以粮食为主要原材料，通过加工转化方式，实现粮食转化增值的粮食加工企业自主购进粮食所需资金，以及生产经营过程中所需其他流动资金所提供的贷款。

（八）油脂加工企业贷款业务

中国农业发展银行提供的油脂加工企业贷款，是依据国家政策规定，以油料为主要原材料，通过加工转化方式，实现转化增值的油脂加工企业自主购进所需资金，以及生产经营过程中所需其他流动资金所提供的短期贷款。

（九）粮油流转贷款业务

中国农业发展银行提供的粮油流转贷款，是指向从事粮油流通的企业发放的除粮油政策性和准政策性贷款之外的，用于解决企业粮油经营资金需要的短期贷款。

（十）粮食合同收购贷款业务

中国农业发展银行提供的粮食合同收购贷款，是向粮食企业发放的，专门用于粮食企业为履行收购合同，预付给种粮农户部分生产性资金所需的贷款。

（十一）粮食仓储设施贷款业务

中国农业发展银行提供的粮食仓储设施贷款，是指为解决粮食经营企业在仓储设施建设过程中自有资金不足而发放的中长期贷款。

（十二）棉花流转贷款业务

中国农业发展银行提供的棉花流转贷款，是指向从事棉花流通的企业发放的除棉花准政策性贷款之外的，用于解决企业棉花经营资金需要的短期贷款。

（十三）棉花调销贷款业务

棉花调销贷款属于准政策性贷款业务，指为履行农业政策性银行职能，支持棉花调销业务，促进产销衔接，维护棉花市场稳定，由农发行自主发放、风险自担的贷款。

（十四）储备棉贷款业务

储备棉贷款属于政策性贷款业务，指为支持客户执行国家及地方棉花储备任务而发放的贷款。

（十五）棉花收购贷款业务

棉花收购贷款属于准政策性贷款业务，指为履行农业政策性银行职能，支持棉花收购，促进产销衔接，维护棉花市场稳定，由农发行自主发放、风险自担的贷款。

（十六）棉花预购贷款业务

棉花预购贷款属于商业性贷款业务，指对符合贷款条件的企业为履行棉花收购订单而预付给棉花生产者生产性资金而发放的贷款。

（十七）棉花良种贷款业务

棉花良种贷款属于商业性贷款业务，指对符合贷款条件的企业从事棉花良种繁育、经营等业务而发放的贷款。

（十八）棉花企业技术设备改造贷款业务

棉花企业技术设备改造贷款属于商业性贷款业务，是指中国农业发展银行为推进棉花质量检验体制改革，支持棉花企业技术升级、技术设备改造、项目设备投资所发放的贷款。

（十九）商业储备贷款业务

商业储备贷款属于商业性贷款业务，是指中国农业发展银行对符合贷款条件的企业（以下简称“借款人”）从事商业储备业务发放的贷款。商业储备包括国家和地方化肥储备、地方糖储备、国家和地方肉储备、国家羊毛储存等。

（二十）国家储备糖贷款业务

国家储备糖贷款属于政策性贷款业务，是指中国农业发展银行对借款人进行食糖收储、轮换、移库等发放的贷款。

（二十一）农业生产资料贷款业务

农业生产资料贷款属于商业性贷款业务，是中国农业发展银行为支持农业和农村经济发展，促进农业生产资料市场稳定，维护农民利益，为符合贷款条件的企事业法人、其他经济组织（以下简称“借款人”）从事化肥、农药、农膜、农机具、农用燃料等农业生产资料流通和销售而发放的贷款。

（二十二）农业产业化龙头企业贷款业务

中国农业发展银行提供的农业产业化龙头企业贷款，是指依据国家政策规定，对农业产业化龙头企业发放的，用于包括流动资金以及技术改造、仓储等农用设施建设和生产、加工基地建设所需的中长期贷款。

（二十三）农业小企业贷款业务

农业小企业贷款是为解决农业小企业生产经营活动过程中的资金需要而发放的贷款。

（二十四）农业科技贷款业务

中国农业发展银行提供的农业科技贷款，是指按照国家政策规定，为支持农业、林业、畜牧、渔业、水利等领域的新品种、新技术、新设备、新产品等科技成果的转化和产业化而发放的贷款。

（二十五）农村基础设施建设和农业综合开发贷款业务

农村基础设施建设贷款，主要用于解决借款人在农村路网、电网、水网、信息网、农村能源和环境设施建设等方面的资金需求而发放的贷款；农业综合开发贷款主要用于解决借款人在农田水利基本建设和改造、农业生产基地开发与建设、农业生态环境建设、农业技术服务体系建设等方面的资金需求。

（二十六）农村流通体系建设贷款业务

农村流通体系建设贷款属于商业性贷款业务，是指中国农业发展银行为配合国家构建开放统一、竞争有序的农村市场体系，推动城乡统一市场的形成和新农村建设，对符合农村流通体系建设贷款条件的企业从事农村流通体系建设业务而发放的贷款。

四、农产品收购贷款的操作及管理

（一）贷款对象

包括国有各级粮油（集团）经营公司；国有基层粮食收购企业；供销社各级棉花经营公司；供销社基层棉花收购企业；承担国家储备任务的其他收购企业或经营单位。

（二）申请贷款必须具备下列基本条件

（1）具有法人资格，实行独立核算，并有工商行政管理部门颁发的营业执照。

（2）借款符合国家经济发展政策和计划要求，并保证按时提供相关的生产经营计划、商品购销存计划和财务、统计报表。

（3）借款人确有还款能力，能按期归还贷款本息。

（4）必须在中国农业发展银行开立基本账户，接受信贷监督。

国家专项储备贷款，还必须坚持以下3个条件：①国家有计划；②中国人民银行安排专项资金；③财政予以贴息和费用补贴。

（三）贷款期限

不同种类的贷款，其贷款期限有所差别，但一般为短期贷款，包括粮棉油收购贷款的期限一般不超过6个月；储备贷款的期限原则上根据储备期限掌握；粮棉油调销贷款的期限一般不超过3个月；粮棉油其他贷款的期限一般为3个月。

（四）贷款利率

执行国家规定的利率政策，并按规定及时计收利息。具体贷款利率执行标准按照以下规定进行：粮棉油收购贷款执行国家优惠利率；储备贷款执行国家优惠利率；粮棉油调销贷款按一般流动资金贷款利率计息；粮棉油其他贷款按一般流动资金贷款利率计息；粮棉油收购以及多种经营贷款逾期部分，按逾期贷款加收利息；对挤占挪用贷款，按有关利率政策规定加收利息。

（五）贷款基本程序（表 2–1）

表 2–1 贷款基本程序

第一步	借款申请	借款人要按照贷款规定的要求，向所在地开户银行提出书面借款申请，并附有关资料
第二步	贷款审查	开户银行对借款人提出的申请认真进行全面审查，审查人员要签注审查意见
第三步	贷款审批	对经过审查评估符合贷款条件的借款申请，要按照贷款审批权限规定进行贷款决策，并办理贷款审批手续
第四步	贷款发放	对审查批准的贷款，借贷双方按照借款合同条件和有关规定，签订书面借款合同和协议书，办理借贷手续
第五步	贷款回收	贷款发放后，要坚持按照借贷双方商定的贷款期限收回贷款。贷款到期前，书面通知借款人准备还本付息的资金，若借款人不能按期偿还借款，可在到期前提出正当理由，申请延期，经银行审查同意后办理延期手续

（六）贷款的监督

（1）借款人要严格按照贷款使用范围用好贷款。粮棉油企业的收购、调销、储备等贷款，只能按照规定的范围使用，不准用于固定资产购置；不准用于基本建设；不准用于职工借款和职工福利；不准用于联营投资和集资摊派；不准用于上缴税款和利润等。

（2）企业多种经营所需资金要从严控制，一般不予贷款。对已经发放的企业多种经营贷款要严加管理。

（3）调销回笼款不准挪用。企业调销回笼款除用于偿还银行到期贷款外，只能用于收购以及与收购有关的费用支出和利息支出，不能挪作他用。

（4）严肃信贷纪律。对违反借款合同和信贷政策的借款人，根据不同情况予以下列信贷制裁：提出警告、加收利息、扣收贷款、停止新贷款。

（5）坚持按库存增减调整贷款存量。粮棉油收购企业的商品库存增加，贷款相应增加；库存减少，贷款相应下降。把银行贷款管理与企业库存变化紧密挂起钩来，使银行贷款确有适销商品作为物资保证。

（七）贷款管理责任制

（1）严格贷款审批制度。贷款发放、延期偿还以及贷款呆账的处理，实行信贷制裁等，都要建立审批制度，明确审批权限。

（2）全程监控。在粮棉油收购量大的企业派驻信贷专管员，同时建立商品库存、贷款发放、挤占挪用、财务挂账、货款回笼等各种银行台账，实行专人负责，跟踪管理，全程监控。

（3）明确贷款管理岗位责任制。明确规定各级行长、主要负责人、贷款管理人员岗位责任制的权限、职责和任务；贷款管理人员应保持相对稳定，贷款管理人员调离工作，要认真办理贷款业务交接手续；实行责任效果与奖惩挂钩，对尽职尽责和效益好的单位和人员要给予表扬和奖励，对违章失职、违纪并给贷款造成不良后果的单位和人员要给予处罚。

五、资金来源

中国农业发展银行的资金来源主要由以下几部分组成：一是注册资本200亿元人民币，其中部分从中国农业银行、中国工商银行的信贷基金中划转，其余部分由财政部划拨；二是业务范围内开户企事业单位的存款；三是发行金融债券；四是财政支农资金；五是向中国人民银行申请再贷款；六是境外筹资。

第三节 中国农业银行

中国农业银行是中国大型上市银行，中国五大银行之一。其前身为1951年成立的农业合作银行，是新中国成立以来的第一家国有商业银行，也是中国金融体系的重要组成部分，总行设在北京。数年来，中国农业银行一直位居世界五百强企业之列，在“世界银行1000强”中排名前10位左右，穆迪信用评级为A1。2009年，中国农业银行由国有独资商业银行整体改制为现代化股份制商业银行，并在2010年完成“A+H”两地上市，总市值位列全球上市银行第五位。

作为我国的农村商业金融机构，中国农业银行是在农村经济的发展过程中逐步产生和发展起来的，它对我国农村经济的发展起了重要的促进作用。新中国成立初期，中国人民银行成为全国统一的社会主义国家银行。在中国人民银行内部设置了主管农村金融的职能部门，如总行设立农村金融管理局、分行设立农村金融处、中心支行设立农村金融科、支行设立农村金融股。其后，为了适应农业合作化和农业生产发展需要，于1955年成立了中国农业银行，主要办理农村存贷款，监督拨付国家对农、林、水利的基本建设投资。之后，中国农业银行又经历了两次合并和两次成立。然而一直以来，中国农业银行尽管主要为农村经济发展服务，但它更多地带有政策性银行的性质，并不是真正的商业性金融机构。在相当长的时期内，我国农村并没有专门的商业性金融机构。直到1994年，随着中国农业发展银行的设立，中国农业银行剥离了其政策性业务，开始向商业银行转变。1997年，全国金融工作会议确定了“各国有商业银行收缩县（及县以下）机构，发展中小金融机构，支持地方经济发展”的基本战略，包括中国农业银行在内的国有商业银行开始日渐收缩县（及县以下）机构。这样，中国农业银行成为了真正的商业金融机构，其业务重点不再是农村。

一、中国农业银行标志（图 2-3）

中国农业银行使用的标志是于 1988 年 11 月 1 日启用的。中国农业银行标志图为圆形，由中国古钱和麦穗构成。古钱寓意货币、银行；麦穗寓意农业，它们构成农业银行的名称要素。整个图案成外圆内方，象征中国农业银行作为国有商业银行经营的规范化。麦穗中部构成一个“田”字，阴纹又明显地形成半形，直截了当地表达出农业银行的特征。麦穗芒刺指向上方，使外圆开口，给人以突破感，象征中国农业银行事业不断开拓前进。行徽标准色为绿色。绿色的心理特性是：自然、新鲜、平静、安逸、有保障、有安全感、信任、可靠、公平、理智、理想、纯朴，让人联想到自然、生命、生长；绿色是生命的本原色，象征生机、发展、永恒、稳健，表示农业银行诚信高效，寓意农业银行事业蓬勃发展。

图 2-3 中国农业银行标志

二、农业银行业务范围

中国农业银行是服务领域最广、服务对象最多、业务功能齐全的大型商业银行。服务业务范围覆盖了全国的大、中城市和乡村，并通达全世界；服务对象囊括了所有行业和各类用户；服务的手段不仅包括柜台服务、上门服务等传统方式，还推广了“95599”电话银行、网上银行、自助银行等高科技手段；除了常规国内、国际金融产品以外，还为客户在证券、保险、基金等行业架设了沟通桥梁，并延伸到社会经济领域的各个角落。更可根据客户的特别要求，量身定做金融产品。除此之外，还可以利用营业网点到县的优势为行业性、系统性客户提供“一揽子”理财方案。中国农业银行通过全国24 064家分支机构、30 089台自动柜员机和遍布全球的1 171家境外代理行，以覆盖面最广的网点网络体系和领先的信息科技优势，向全世界超过3.5亿客户提供便利、高效、优质的金融服务。

中国农业银行网点遍布中国城乡，成为中国网点最多、业务辐射范围最广的大型现代化商业银行。业务领域已由最初的农业信贷、结算业务，发展成为品种齐全，本外币结合，能够办理国际、国内通行的各类金融业务。主要包括：存款服务、综合贷款服务、外汇理财、人民币理财、代客境外理财、银行卡、汇款及外汇结算、保管箱租赁、缴费服务、代发薪服务、出国金融服务、电子银行服务、私人银行、融资业务、国内支付结算、国际结算、基金相关业务、企业理财服务、金融机构服务。

（一）人民币业务

吸收公众存款；发放短期、中期和长期贷款；办理国内外结算；办理票据贴现；发行金融债券；代理发行、代理兑付、承销政府债券；买卖政府债券；从事同业拆借；买卖、代理买卖外汇；提供信用证服务及担保；代理收付款项及代理保险业务等。

（二）外汇业务

外汇存款；外汇贷款；外汇汇款；外币兑换；国际结算；

外汇票据的承兑和贴现；外汇借款；外汇担保；结汇、售汇；发行和代理发行股票以外的外币有价证券；买卖和代理买卖股票以外的外币有价证券；代客外汇买卖；资信调查、咨询、见证业务。

三、涉农业务介绍

（一）“三农”个人业务

1. 金穗惠农卡

金穗惠农卡（图2-4）是中国农业银行基于金穗借记卡业务平台研发的，面向全体农户发行的综合性银行卡产品。作为借记卡产品之一，金穗惠农卡具有存取现金、转账结算、消费、理财等基本金融功能，联线作业，实时入账。在此基础上，金穗惠农卡还可作为农户小额贷款的发放载体、财政补贴的直拨通道、社会保险的参保凭证、资金汇兑的安全通路，在农业生产、社会保障、个人理财等多方面为农户提供方便、快捷和周到的金融服务。

图2-4　金穗惠农卡

金穗惠农卡除在农业银行全部网点、自助机具等使用外，还可在所有有银联标识的自助机具及商户POS使用。金穗惠农卡除具有金穗借记卡存取现金、转账结算、消费、理财等各项金融功能外，还可向持卡人提供交易明细折、农户小额贷款载体、农村社保医保身份识别及费用代缴代付、农村公用事业代收付、财政补贴代理等多种特色服务功能。

2. 惠农信用卡

惠农信用卡（图 2–5）是中国农业银行专为具有良好信用观念的县域及农村高端客户量身定做的借贷合一型特色产品，是农业银行金穗卡系列产品之一。惠农信用卡不但可以作为支付结算、储蓄理财的工具，更可以通过中国农业银行授信，满足持卡人短期、频繁的资金周转需求，并提供多项个性化辅助功能，全面服务于持卡人的生产生活。

图 2–5　惠农信用卡

3. 农户小额信用贷款

农户小额信用贷款是指农村信用社为了提高农村信用合作社信贷服务水平，加大支农信贷投入，简化信用贷款手续，更好地发挥农村信用社在支持农民、农业和农村经济发展中的作用而开办的基于农户的信誉，在核定的额度和期限内向农户发放的不需要抵押、担保的贷款。它适用于主要从事农村土地耕作或者其他与农村经济发展有关的生产经营活动的农民、个体经营户等。

4. 地震灾区农民建房贷款

地震灾区农民建房贷款是指中国农业银行对在“5·12”

四川汶川特大地震灾害中因地震造成房屋倒塌或严重毁损无房居住、符合政府重建永久性住房补助条件和政府重建规划，且具有长期农村居住户口的受灾农户（不包括城镇受灾居民和符合民政部门救济对象的受灾农户），按照当地政府规划修建或购买首套永久性住房提供的贷款。

5. 农村个人生产经营贷款

农村个人生产经营贷款是指对农户家庭内单个成员发放的，用以满足其从事规模化生产经营资金需求的大额贷款。

（二）“三农”对公业务

1. 县域中小企业动产质押融资

本产品是指中国农业银行向县域中小企业法人客户提供的以动产质押为担保方式的短期流动资金业务，包括贷款、银行承兑汇票、信用证等。动产质押，是指借款人将其合法所有的动产移交农业银行经营机构或者农业银行委托的仓储公司、物流公司、资产监管人等中介机构占有，作为借款人向农业银行申请办理信贷业务的担保。

2. 农业产业化集群客户融信保业务

本产品是指与AA级（含）以上农业产业化龙头企业高度关联的核心经销商在符合条件的保险公司办理了国内贸易信用保险后，农业银行按保单承保金额的一定比例向其提供的用于满足其流动资金业务需求的本币融资业务。

3. 季节性收购贷款

本产品是指在农副产品收购旺季，为解决农副产品加工、流通、储备企业正常周转资金不足的困难，满足其收购资金需求而发放的短期流动资金贷款。

4. 县域商品流通市场建设贷款

县域商品流通市场建设贷款是指对项目所有权人发放的用

于县域内商品流通市场建设的固定资产贷款。总行确定的纳入“三农”金融部统计的县（含县级市）支行所在行政区域都被称为“县域”。县域范围内农副产品、文化用品、服装家具、装饰建材、五金钢材、种子化肥等流通市场建设都可适用本产品。非县域范围内的农副产品批发市场建设贷款也适用本产品。

5. 化肥淡季商业储备贷款

化肥淡季商业储备贷款是指中国农业银行根据借款人申请，向其提供用于开展化肥淡季商业储备业务的短期流动资金贷款。化肥淡季商业储备贷款也适用于中国农业银行向借款人开展化肥淡季储备业务而提供的票据承兑、贴现、保函、期限不超过90天的短期信用证及其他国际贸易融资等业务。

6. 农村城镇化贷款

农村城镇化贷款是指中国农业银行在县域范围内向借款人发放的，用于改善县域生产生活条件、提升县域经济承载功能的各类基础设施建设的开发贷款。

7. 农村基础设施建设贷款

农村基础设施建设贷款，是指用于中央和省级财政主导投资建设的农村基础设施建设项目，财政承诺全额偿还本息的贷款。

8. 农民专业合作社流动资金贷款

农民专业合作社流动资金贷款是指经营行向本辖区内农民合作社发放的用于统一采购农业生产资料，统一收购、销售农副产品等人民币贷款。

9. 森林资源资产抵押贷款

森林资源资产抵押贷款是指中国农业银行向借款人发放的，并以森林资源资产（用材林、经济林、薪炭林及其林地使用权）作为抵押物的银行贷款品种。

（三）县域中小企业业务

主要包括：县域中小企业应收账款质押融资业务；县域中小企业产业集群多户联保信贷业务；县域中小企业特色农产品抵押贷款；县域特色中小企业多户联保贷款。

【案例】

中国农业银行力助农民足不出村拿到养老金

“以前取养老金很不方便，要花钱搭车去县城。自从农行在村里设了惠农服务站，在家门口就能取到钱。”提及中国农业银行代理发放新型农村社会养老保险，陕西省铜川市耀州区关庄村农民白忠俊喜悦之情溢于言表：“农行真是实实在在为农民着想，做了一件大好事。”

与白忠俊一样，在中国农业银行鼎力助推之下，众多农民足不出村就拿到了养老金。作为一家具有高度责任感和强烈使命感的金融机构，中国农业银行积极发挥农村金融骨干和支柱作用，充分利用自身网络和专业优势，以惠农卡为载体，积极介入新型农村合作医疗和新型农村社会养老保险领域，取得显著成效。截至6月末，在国家第一批320个国定新农保试点县中，中国农业银行已确定代理新农保项目的试点县支行有121个；在非国定新农保试点县中，已确定代理的新农保项目试点县有127个。

新农合和新农保是国家统筹城乡发展、促进城乡公共服务均等化的一项重大惠农举措，关乎几亿农民切实利益。自去年9月国家启动了新农保试点工作，中国农业银行领导高度重视，及时对代理新农保工作进行了安排部署。中国农业银行所辖分支行顺势跟进，全力以赴推进项目营销，积极探索创新代理新农保和新农合的新模式和新途径，并持续改善用卡环境，力促中国农业银行金融服务与国家强农惠农政策有效对接。

在中国农业银行不懈努力下，参保农民足不出村就能方便快捷地拿到养老金，参合农民看病买药更加方便快捷，而且通过使用惠农卡，农民在村里就能享受到刷卡消费、转账结算、小额取现等现代金融服务，深受农民欢迎和广泛赞誉。同时，中国农业银行创新并在农村推广金融产品，对普及金融知识、启迪农民金融意识具有良好的示范作用。

第四节 农村信用合作社

一、农村信用合作社标志（图2-6）

农村信用合作社（农村信用社、农信社）指经中国人民银行批准设立、由社员入股组成、实行民主管理、主要为社员提供金融服务的农村合作金融机构。农村信用社是独立的企业法人，以其全部资产对农村信用社债务承担责任，依法享有民事权利。其财产、合法权益和依法开展的业务活动受国家法律保护。其主要任务是筹集农村闲散资金，为农业、农民和农村经济发展提供金融服务。依照国家法律和金融政策规定，组织和调节农村基金，支持农业生产和农村综合发展，支持各种形式的合作经济和社员家庭经济，限制和打击高利贷。

图2-6 农村信用合作社标志

二、机构性质

农村信用合作社是银行类金融机构，所谓银行类金融机构又叫存款机构和存款货币银行，其共同特征是以吸收存款为主要负债，以发放贷款为主要资产，以办理转账结算为主要中间业务，直接参与存款货币的创造过程。农村信用合作社又是信用合作机构，所谓信用合作机构是由个人集资联合组成的以互助为主要宗旨的合作金融机构，简称“信用社”，以互助、自助为目的，在社员中开展存款、放款业务。信用社的建立与自然经济、小商品经济发展直接相关。由于农业生产者和小商品生产者对资金需要存在季节性、零散、小数额、小规模的特点，使得小生产者和农民很难得到银行贷款的支持，但客观上生产和流通的发展又必须解决资本不足的困难，于是就出现了这种以缴纳股金和存款方式建立的互助、自助的信用组织。农村信用合作社是由农民入股组成，实行入股社员民主管理，主要为入股社员服务的合作金融组织，是经中国人民银行依法批准设立的合法金融机构。农村信用社是中国金融体系的重要组成部分，其主要任务是筹集农村闲散资金，为农业、农民和农村经济发展提供金融服务。同时，依照国家法律和金融政策的规定，组织和调节农村基金，支持农业生产和农村综合发展，支持各种形式的合作经济和社员家庭经济，限制和打击高利贷。

三、机构特点

（1）由农民和农村的其他个人集资联合组成，以互助为主要宗旨的合作金融组织，其业务经营是在民主选举基础上由社员指定人员管理经营，并对社员负责。其最高权力机构是社员代表大会，负责具体事务的管理和业务经营的执行机构是理事会。

(2) 主要资金来源是合作社成员缴纳的股金、留存的公积金和吸收的存款；贷款主要用于解决其成员的资金需求。起初主要发放短期生产生活贷款和消费贷款，后随着经济发展，渐渐扩宽放款渠道，现在和商业银行贷款没有区别。

(3) 由于业务对象是合作社成员，因此业务手续简便灵活。农村信用合作社的主要任务是：依照国家法律和金融政策的规定，组织和调节农村基金，支持农业生产和农村综合发展，支持各种形式的合作经济和社员家庭经济，限制和打击高利贷。

四、管理体制

(一) 所有人

早在20世纪50年代，中国人民银行在农村的网点就改为了农村信用社。农村信用社的宗旨是“农民在资金上互帮互助”，即农民组成信用合作社，社员出钱组成资本金，社员用钱可以贷款。但是这个信用合作社，从来都不是农民自愿组成的，而是官方一手操办的。最初的信用社，大部分出资来自国家，农民的出资只占很少部分。

(二) 管理人

信联社与单个信用社的关系，就相当于总行与支行的关系。一个县里有县联社，一开始县联社归农业银行管；1999年之后又归中国人民银行管；1999年之后中国人民银行又逐步组建了地（市）联社，县联社又归地（市）联社管；2003年之后，中国人民银行退出，取消地（市）联社，把农村信用社的管理权交给省政府，省政府又成立了省联社，省联社管着县联社。到此为止，从经济和法律角度讲，每家县联社都相当于一家独立的银行（企业），实际所有人是省政府，省内的县联社共同入股，组建了省联社，所以省联社其实还是县联社的“儿子”；从行政角度讲，每家县联社又都是一个管理信用社的行政部门，而省联社又是最高行政部门，所以省联社是县联社的“老子”。因为行政上的地位更高，所以导致经济上省联社也成了县联社的实际管理者。

五、业务范围

（1）办理农户、个体户、农村合作经济组织的存款、贷款。

（2）代理银行委托业务及办理批准的其他业务。

（3）办理转账结算、现金结算、票据贴现和信用卡业务。

（4）办理代付、代收及保险等中间业务。

随着农村经济的发展，农村信用社在及时发放农业贷款的前提下，将逐步扩大对乡镇工商企业的贷款，增办中国人民银行批准的新业务，进一步促进城乡一体化发展。

六、贷款业务

农村信用社贷款种类：对农村信用社来说，按贷款使用对象、用途来划分，主要有农村工商贷款、消费贷款、助学贷款、不动产贷款、农户贷款、农业经济组织贷款及其他贷款等。

（一）贷款条件

借款人申请贷款，应当具备产品有市场、生产经营有效益、不挤占挪用信贷资金、恪守信用等基本条件，并且要符合以下要求。

（1）有按期还本付息的能力。原应付贷款利息和到期贷款已基本清偿；没有清偿的，已经作了贷款人认可的偿还计划。

（2）除自然人和不须经工商部门核准登记的事业法人外，应经过工商部门办理年检手续。

（3）农村在贷款社已开立基本账户或一般存款账户，并在该账户内保留有一定数额的支付保证金；自愿接受贷款社的信贷及结算的监督检查，能够保证定期向贷款社报送经营计划和相关业务、财务报表。

（4）申请保证、抵押贷款的，必须具有符合规定的贷款保证人、贷款抵押物或质物。贷款保证人必须是在农村信用社开设存款账户并具备良好的经济效益和资信度的企业或经济实体。贷款抵押物必须符合《中华人民共和国担保法》及相关法律法规规定，原则上应以不动产（如房屋、土地）为主，须具有商品性，且易于变现。

（5）农村借款人的资产负债率不得高于70%。

（6）申请固定资产、房地产等项目贷款的，借款人的所有者权益、自筹资金比例必须达到国务院规定的要求，同时必须按项目管理的要求，提交完整、规范、有效的文件资料。

（7）除国务院规定外，有限责任公司和股份有限公司对外股本权益性投资累计额未超过其净资产的50%。

（8）农村借款人必须按中国人民银行规定办理贷款卡，并按要求办理年检手续。

（二）贷款程序

贷款种类不一样，相应程序和要办理的手续也有所不同，例如质押贷款与信用贷款、抵押贷款的程序和手续是有区别的。但不论什么种类的贷款，基本程序大致一样（表2-2）。

表2-2 贷款程序

第一步	申请	申请人与农村信用社业务部门联系，提出贷款申请，并提供规定材料，主要包括：借款申请书、企业法人代表证明书或授权委托书、董事会决议及公司章程；经年审合格的企业（法人）营业执照（复印件）；借款人近三年经审计的财务报表及近期财务报表；贷款卡；农村信用社要求提供的其他文件、证明等

（续表）

第二步	审查	农村信用社对借款人提供的申请材料进行审核，对借款人的资信状况进行调查、考查，核实有关情况，同时信用社的贷款审查人员还要对调查结果进行审查
第三步	审核	对质押贷款、抵押贷款，农村信用社对用来质押的质物的真实性、合法性进行审核
第四步	办理	农村信用社审核、考查合格的，质押贷款、抵押贷款，还要签订质押合同，办理有关的登记、移交等手续。签署质押、抵押合同、借款合同等，办理相关保管手续
第五步	取得贷款	借款人在农村信用社开立存款账户，提用贷款，借款人是自然人，并且贷款金额较小的，也可以直接提取现金

第五节　中国邮政储蓄银行

一、中国邮政储蓄银行标志（图 2-7）

中国邮政储蓄银行有限责任公司于 2007 年 3 月 6 日正式成立，是在改革邮政储蓄管理体制的基础上组建的商业银行。中国邮政储蓄银行继承原国家邮政局、中国邮政集团公司经营的邮政金融业务及因此而形成的资产和负债，并将继续从事原经营范围和业务许可文件批准、核准的业务。

图 2-7　中国邮政及中国邮政储蓄银行标志

邮政储蓄自 1986 年恢复开办以来，截至 2008 年已建成覆盖全国城乡网点面最广、交易额最多的个人金融服务网络，拥有储蓄营业网点 3. 6 万个。中国邮政储蓄银行已在全国 31 个省（市、自治区）全部设立了省级分行，并且在大连、宁波、厦门、深圳、青岛设有5个计划单列市分行。

经过25年的发展，中国邮政储蓄银行已形成了以本外币储蓄存款为主体的负债业务；以国内、国际汇兑、转账业务、银行卡业务、代理保险及证券业务、代收代付、代理承销发行、兑付政府债券、代销开放式基金、提供个人存款证明服务及保管箱服务等多种形式的中间业务；以及以债券投资、大额协议存款、银团贷款、小额信贷等为主渠道的资产业务。

二、对公业务

（一）储蓄业务

中国邮政储蓄银行为企业客户提供单位活期存款、单位定期存款、单位协定存款、单位通知存款等对公存款业务，客户存款资金安全无忧。

（二）结算业务

中国邮政储蓄银行向企事业单位提供票据、汇兑、委托收款等多样化的对公结算服务，保证企业在日常经济活动实现便利、快捷的货币给付及其资金清算。服务范围包括：为企事业单位提供信汇结算、电汇结算、代收代付、为网络性企业提供个性化的资金归集等综合结算服务。

中国邮政储蓄银行结算服务资金实力雄厚，拥有充足的预付资金，保证企业日常大额用款需求；3.6万个服务网点遍布城乡，为企业提供全国一体化的网络资金服务；“一级法人，分级授权经营”的管理体制，保障了风险合规的运营模式。

（三）资产业务

专项融资：中国邮政储蓄银行可为符合国家政策规定的企

事业单位提供优惠的专项融资服务。主要适用于信用评级高的国家级涉农公用企业和公用工程，专项用于农村能源、公路、水利（含南水北调工程）、通信、循环经济和环境保护等基础设施建设。按照国家的相关政策，对于优质项目，中国邮政储蓄银行有着更加优惠的利率政策空间，可以为大型项目客户进一步降低融资成本。

项目贷款：中国邮政储蓄银行可向企业客户发放用于新建、扩建、改造、开发固定资产（不包括房地产）投资项目的贷款。项目贷款是以项目的资产、预期收益或权益作抵（质）押取得的一种无追索权或者有限追索权的债务融资。建设项目贷款一般为中长期贷款，也可用于项目临时周转用途的短期贷款，可为企业客户的长足发展和基础建设，提供有力的信贷支持。

银团贷款：中国邮政储蓄银行作为参与行，对企业发放用于新建、扩建、改造、开发大型固定资产投资项目的银团贷款。银团贷款一般为长期贷款。中国邮政储蓄银行依托自身强大的资金实力，按照国家的相关政策，为企业或项目提供银团融资的同时，将肩负起社会责任，积极支持地方经济建设。

小企业贷款：指中国邮政储蓄银行向小型企业法人客户提供的，用于企业正常生产经营周转资金需要的人民币担保贷款。中国邮政储蓄银行小企业贷款具有申请简便、审批效率高、贷款方式灵活等特点，可以采用土地房产抵押、存货质押或应收账款质押等多种担保方式。中国邮政储蓄银行小企业授信有效期限最长不超过 2 年，单笔贷款期限最长不超过 18 个月；单户最高额度不超过人民币 500 万元（含）；提供等额本息、阶段性等额本息、一次还本付息和按月付息到期一次还本等多种还款方式。

（四）理财业务

根据客户需求和客户资金状况，中国邮政储蓄银行帮助客户设定个性化的理财规划，合理运用资金，提升客户资金收益率。为客户提供量身定做的投资理财产品服务。按收益分配方式不同，公司理财产品可分为稳健系列产品（保证收益理财产品）、平衡系列产品（保本浮动收益理财产品）、成长系列产品（非保本浮动收益理财产品）。

（五）集团客户现金管理

集团客户现金管理是中国邮政储蓄银行为大型集团企业提供的集资金归集、预算管理、收入清分、额度管理、日间透支、内部计价、实时查询等功能于一体的综合性资金管理服务。根据不同行业资金管理需求的差异，中国邮政储蓄银行将有针对性地提供各大行业金融服务解决方案。

三、个人业务

（一）储蓄存款业务

中国邮政储蓄银行为个人客户提供活期存款、一本通存款、个人存款证明、个人通知存款、定期存款、定活两便存款业务，客户存款资金安全无忧。

（二）个人结算业务

开办有电话银行汇款、预约转账、异地结算、国内汇兑、商易通、网上支付通、ATM/POS业务。

（三）银行卡

中国邮政储蓄银行的银行卡有绿卡（图2-8）、绿卡通、绿卡贵宾金卡、淘宝绿卡、腾讯QQ联名卡、绿卡生肖卡（卡片印有“绿卡借记卡”字样）、绿卡外汇卡（但没有存款功能）、区域联名卡等。

图 2-8　中国邮政储蓄绿卡（储蓄卡）

（四）托管业务

中国邮政储蓄银行自取得证券投资基金托管资格，可托管证券投资基金、基金管理公司特定客户资产管理计划、银行理财产品、信托产品、证券公司集合资产管理计划等类型产品。中国邮政储蓄银行作为一家新兴的托管银行，从开放式基金、一对多专户理财等产品的托管起步，将持续致力于托管业务的创新和发展，为投资者和合作伙伴提供安全可靠、优质精心的资产托管服务。

（五）小额贷款

小额贷款是指中国邮政储蓄银行向单一借款人发放的金额较小的贷款。农户小额贷款是指向农户发放的用于满足其农业种植、养殖或者其他与农村经济发展有关的生产经营活动资金需求的贷款。商户小额贷款是指向城乡地区从事生产、贸易等活动的私营企业主（包括个人独资企业主、合伙企业个人合伙人、有限责任公司个人股东等）、个体工商户和城镇个体经营者等微小企业主发放的用于满足其生产经营资金需求的贷款。

【案例】

中国邮政储蓄银行的小额贷款业务

中国邮政储蓄银行在存单质押贷款之外开办小额贷款

业务。

1. 小额贷款的业务品种

(1) 农户联保贷款。3~5名拥有本地户口的农户组成一个联保小组，不再需要其他担保，就可以向中国邮政储蓄银行申请贷款。每个农户的最高贷款额暂为3万元。贷款利率为月息0.99%，年利率为11.88%。

(2) 商户联保贷款。指3名以上持有本地户口和营业执照的个体工商或独资企业主组成一个联保小组，不再需要其他担保就可以向中国邮政储蓄银行申请贷款，每个商户的最高贷款额暂为5万元。贷款利率为月息0.99%，年利率为11.88%。

(3) 商户小额贷款。指持有本地户口和营业执照的个体工商户或个人独资企业主，有一位或两位有固定职业和稳定收入的人做其贷款担保人，就可以向中国邮政储蓄银行申请贷款，最高可贷款5万元，贷款年利率为12%~15%。

2. 办理流程

只需要借款人组成联保小组或找到担保人，携带户口簿和身份证，如是商户还需要携带营业执照，一同到开办小额贷款的网点提出申请并接受调查，审批通过，签订完合同后，最快3天就可以拿到贷款。

3. 贷款还款方式

贷款到期的还款方式有：一次还本付息法、等额本金还款法、等额本息还款法和阶段性还款法。借款人在贷款本息到期日前，需在发放贷款的邮政储蓄账户中预存足够的资金，由计算机系统自动扣除。

第六节　小额贷款公司

小额贷款公司是由自然人、企业法人与其社会组织投资设立，不吸收公众存款，经营小额贷款业务的有限责任公司或股份有限公司。与银行相比，小额贷款公司更为便捷、迅速，适合中小企业、个体工商户的资金需求；与民间借贷相比，小额贷款更加规范、贷款利息可双方协商。

小额贷款公司是企业法人，有独立的法人财产，享有法人财产权，以全部财产对其债务承担民事责任。小额贷款公司股东依法享有资产收益、参与重大决策和选择管理者等权利，以其认缴的出资额或认购的股份为限对公司承担责任。

小额贷款公司应遵守国家法律、行政法规，执行国家金融方针和政策，执行金融企业财务准则和会计制度，依法接受各级政府及相关部门的监督管理。

小额贷款公司应执行国家金融方针和政策，在法律、法规规定的范围内开展业务，自主经营，自负盈亏，自我约束，自担风险，其合法的经营活动受法律保护，不受任何单位和个人的干涉。

一、申请成立条件

（1）有符合规定的章程。

（2）发起人或出资人应符合规定的条件。

（3）小额贷款公司组织形式为有限责任公司或股份有限公司。有限责任公司应由50个以下股东出资设立；股份有限公司应有2~200名发起人，其中须有半数以上的发起人在中国境内有住所。

（4）小额贷款公司的注册资本来源应真实合法，全部为实收货币资本，由出资人或发起人一次足额缴纳。有限责任公司的注册资本不得低于500万元，股份有限公司的注册资本不得低于1 000万元。单一自然人、企业法人、其他社会组织及其关联方持有的股份，不得超过小额贷款公司注册资本总额的10%。

（5）有符合任职资格条件的董事和高级管理人员。

（6）有具备相应专业知识和从业经验的工作人员。

（7）有必需的组织机构和管理制度。

（8）有符合要求的营业场所、安全防范措施和与业务有关的其他设施。

（9）省政府金融办规定的其他审慎性条件。

二、申请成立步骤

首先，有试点意向的区（县）政府向市金融办递交试点申请书，阐明试点工作方案并承诺承担风险防范与处置责任。

其次，区（县）政府，对本区（县）符合相关条件及有申报意向的小额贷款公司主要发起人进行筛选。

最后，经筛选的小额贷款公司主要发起人向所在区（县）政府递交小额贷款公司设立申请材料，区（县）政府完成预审后上报市金融办复审。小额贷款公司申请人凭市金融办批准批文，依法向工商行政管理部门办理登记手续并领取营业执照，并在5个工作日内向当地公安机关、银监局和中国人民银行分行报送相关资料。

三、资金来源

小额贷款公司的主要资金来源为股东缴纳的资本金、捐赠资金，以及来自不超过两个银行业金融机构的融入资金。小额贷款公司从银行业金融机构获得融入资金的余额，不得超过资本净额的50%。融入资金的利率、期限由小额贷款公司与相应银行业金融机构自主协商确定，利率以同期“上海银行间同业拆放利率”为基准加点确定。

四、小额贷款公司利率

中国人民银行条法司司长周学东于2011年2月26日表示，中国人民银行计划取消对小额贷款公司贷款利率上限的规定，同时使现有一些非银行私营贷款机构合法化。按照中国人民银行现行规定，小额贷款公司贷款利率上限为基准利率的4倍。小额贷款公司贷款利率制定基准如下。

①按照市场原则自主确定。②上限放开，但不得超过同期银行贷款利率的4倍。③下限为中国人民银行公布的贷款基准利率0.9倍。

小额贷款公司在坚持为农民、农业和农村经济发展服务的原则下自主选择贷款对象。小额贷款公司发放贷款，应坚持“小额、分散”的原则，鼓励小额贷款公司面向农户和微型企业提供信贷服务，着力扩大客户数量和服务覆盖面。同一借款人的贷款余额不得超过小额贷款公司资本净额的5%。在此标准内，可以参考小额贷款公司所在地经济状况和人均GDP水平，制定最高贷款额度限制。小额贷款公司按照市场化原则进行经营，贷款利率上限放开，但不得超过规定的上限，下限为中国人民银行公布的贷款基准利率的0.9倍，具体浮动幅度按照市场原则自主确定。有关贷款期限和贷款偿还条款等合同内容，均由借贷双方在公平自愿的原则下依法协商确定。

第七节　村镇银行

村镇银行是指经中国银行业监督管理委员会依据有关法律、法规批准，由境内外金融机构、境内非金融机构企业法人、境内自然人出资，在农村地区设立的主要为当地农民、农业和农村经济发展提供金融服务的银行业金融机构。

一、业务范围

村镇银行可经营吸收公众存款，发放短期、中期和长期贷款，办理国内结算，办理票据承兑与贴现，从事同业拆借，从事银行卡业务，代理发行、代理兑付、承销政府债券，代理收付款项及代理保险业务以及经银行业监督管理机构批准的其他业务。按照国家有关规定，村镇银行还可代理政策性银行、商业银行和保险公司、证券公司等金融机构的业务。村镇银行应建立适合自身业务发展的授信工作机制，合理确定不同借款人的授信额度。在授信额度以内，村镇银行可以采取一次授信、分次使用、循环放贷的方式发放贷款。村镇银行发放贷款应坚持小额、分散的原则，提高贷款覆盖面，防止贷款过度集中。村镇银行对同一借款人的贷款余额不得超过资本净额的 5%，对单一集团企业客户的授信余额不得超过资本净额的 10%。

二、与商业银行区别

村镇银行主要为当地农民、农业和农村经济发展提供金融服务。以往，在中国农村只有农村信用社和只存不贷的邮政储蓄两种金融主体，金融服务的水平越来越无法满足农民的需求，因此建设村镇银行成为监管层大力推动的目标。在规模方面，村镇银行是真正意义上的“小银行”。在经营范围方面，村镇银行的功能相当齐全。根据规定，村镇银行可以吸收公众存款，发放短、中、长期贷款，办理国内结算办理票据承兑与贴现，从事同业拆借、银行卡业务，代理发行、兑付、承销政府债券，代理收付款项及保险业务和银监会批准的其他业务。此外，村镇银行虽小，却是独立法人，区别于商业银行的分支机构，村镇银行信贷措施灵活、决策快。比如，栾川民丰村镇银行微贷部对于 10 万元以内的贷款，3 个工作日内作出决定；10 万~30 万元的贷款，4 个工作日内作出决定。

三、设立条件

(1) 有符合规定的章程。

(2) 发起人或出资人应符合规定的条件，且发起人或出资人中应至少有 1 家银行业金融机构。

（3）在县（市）设村镇银行，注册资本不低于 300 万元人民币，在乡（镇）设立村镇银行，注册资本不低于 100 万元人民币。

（4）注册资本为实收货币资本，且由发起人或出资人一次性缴足。

（5）要有符合任职资格条件的董事和高级管理人员。

（6）有具备相应专业知识和从业经验的人员。

（7）有必需的组织机构和管理制度。

（8）有符合要求的营业场所、安全防范措施及与业务有关的其他措施。

（9）中国银行业监督管理委员会规定的其他审慎性条件。

第八节　农村资金互助社

农村资金互助社，指的是一种由农民和农村小企业按照自愿原则发起设立的为入股社员服务、实行社员民主管理的新型农村银行业金融机构。农村资金互助社是由乡镇、行政村农民、农村小企业资源入股组成，由 10 名以上符合银行业监管部门规定要求的社员发起设立，注册资本、营业场所、管理制度等达到监管部门规定要求，银行业监管部门批准成立的新型农村金融服务机构。

农村资金互助社实行社员民主管理，以服务社员为宗旨，谋求社员共同利益。农村资金互助社是独立的法人，对社员股金、积累及合法取得的其他资产所形成的法人财产，享有占有、使用、收益和处分的权利，并以上述财产对债务承担责任。农村资金互助社的合法权益和依法开展经营活动受法律保护，任何单位和个人不得侵犯。农村资金互助社社员以其社员股金和在本社的社员积累为限对该社承担责任。农村资金互助社从事经营活动，应遵守有关法律法规和国家金融方针政策，诚实守信，审慎经营，依法接受银行业监督管理机构的监管。

一、经营模式

农村资金互助社以吸收社员存款、接受社会捐赠资金和向其他银行业金融机构融入资金作为资金来源。农村资金互助社接受社会捐赠资金由属地银行业监督管理机构对捐赠人身份和资金来源的合法性进行审核。农村资金互助社的资金应主要用于发放社员贷款，满足社员贷款需求后确有富余的可存放其他银行业金融机构，也可购买国债和金融债券。农村资金互助社发放大额贷款、购买国债或金融债券、向其他银行业金融机构融入资金，应事先征求理事会、监事会意见。农村资金互助社可以办理结算业务，并按有关规定开办各类代理业务。农村资金互助社开办其他业务应经属地银行业监督管理机构及其他有关部门批准。农村资金互助社不得向非社员吸收存款、发放贷款及办理其他金融业务，不得以该社资产为其他单位或个人提供担保。农村资金互助社根据其业务经营需要，考虑安全因素，应按存款和股金总额一定比例合理核定库存现金限额。

二、社员权利和义务

农村资金互助社社员享有下列权利。

参加社员大会，并享有表决权、选举权和被选举权，按照章程规定参加该社的民主管理；享受该社提供的各项服务；按照章程规定或者社员大会（社员代表大会）决议分享盈余；查阅该社的章程和社员大会（社员代表大会）、理事会、监事会的决议、财务会计报表及报告；向有关监督管理机构投诉和举报；章程规定的其他权利。

农村资金互助社社员承担下列义务。

(1) 执行社员大会（社员代表大会）的决议。

(2) 向该社入股。

（3）按期足额偿还贷款本息。

（4）按照规定承担亏损。

（5）积极向本社反映情况，提供信息消息的来源。

三、设立条件

（1）有符合监管部门规定要求的章程。

（2）有 10 名以上符合规定要求的发起人。

（3）有符合规定要求的注册资本。

（4）有符合任职资格的理事、经理和具备从业条件的工作人员。

（5）有符合条件的营业场所，安全防范设施和与业务有关的其他设施。

（6）有符合规定的组织机构和管理制度。

（7）银行业监管部门规定的其他条件。

四、入股条件

（1）具有完全民事行为能力（完全民事行为能力是指法律赋予达到一定年龄和智力状态正常的公民通过自己独立的行为进行民事活动的能力）。

（2）户口所在地或经常居住地（本地有固定住所且居住满 3 年）在入股资金互助社所在乡镇或行政村内。

（3）入股资金为自有资金且来源合法，达到规定的入股金额起点。

（4）诚实守信，声誉良好。

入股限制：单个农民或单个农村小企业向资金互助社入股，其持股比例不得超过资金互助社股本总额的 10%，超过 5%的应经银行业监管部门批准。社员入股必须以货币出资，不得以实物、贷款或其他方式入股。

第三章　农村合作银行金融业务

农村合作银行是由辖区内农民、农村工商户、企业法人和其他经济组织入股组成的股份合作制社区性地方金融机构，主要任务是为农民、农业和农村经济发展提供金融服务。农村合作银行在辖区内开展存贷款及其他金融业务，重点面向农民，为当地农业和农村经济发展提供金融服务，国家规定，农村合作银行要将一定比例的贷款用于支持农民、农业和农村经济发展。可以说，农村合作银行是“农民身边的银行”，营业网点遍布城乡，服务对象主要为“三农”和中小企业，是农村金融的主力军。

农村合作银行的主要业务有传统的存款、放款、汇兑等，近年来，随着我国农村经济的不断迅速发展，农村合作银行在立足、服务“三农”的基础上，积极拓展服务领域，创新服务品种，增加服务手段，服务功能进一步增强。部分地区的农村合作银行先后开办了代理、担保、信用卡等中间业务，尝试开办了票据贴现、外汇交易、电话银行、网上银行等新业务，为广大农户提供了更加优质便捷的金融服务。

第一节　农村合作银行的存款业务

农村合作银行的存款业务分为人民币存款业务和外币存款业务。由于农村一般以办理人民币业务为主，所以我们主要学习农村合作银行的各项人民币存款业务。

一、银行账户开户

农户需要在农村合作银行办理业务的，如存款、贷款等，都首先要在银行开户。如果是农户个人开户，持本人有效身份证件，到银行网点，填写相关开户申请书即可。

如果是单位或合作组织开户，则需要以下几个文件。

（1）单位填写开户申请书，提供规定的证件、证明或有关文件。

（2）提交盖有存款人签章的印鉴卡片，印鉴应包括单位财务专用章、单位法定代表人章（或主要负责人印章）和财会人员名章。

二、银行存款品种

银行存款可以通过存折、银行卡和存单进行。农户比较熟悉的是存折，里面有每次存取的明细，但银行卡功能较多，一般都推荐农户办银行卡。银行卡和存折的使用基本一样，都可以随时进行任意金额的存、取业务，而且不仅可以存活期存款，也可以进行定期存款。如果开通网上银行，农户的操作就更方便了，足不出户，也不需排队，就能办理相关业务。存单的用途比较单一，它表示一个固定金额和固定期间的定期存款，50元起存，可以在到期日按相应的定期存款利率获得利息。如果农户要提前用钱，可以提前全部支取，但利息只能按照活期利率计算。如果是整存整取的，也可以提前部分支取，但只能提前部分支取一次。

一般常用的存款类型有活期存款、定期存款和通知存款。

1. 活期存款

活期存款可以随时存入随时取出使用，起存金额为1元，存取都比较方便，目前的活期存款利息为0.5%。

2. 定期存款

定期存款又有整存整取、零存整取、整存零取、存本取息、定活两便这些方式。

整存整取是指开户时约定存期，整笔存入，到期一次整笔支取本息的一种个人存款。人民币 50 元起存。提前支取时必须提供身份证件，代他人支取的不仅要提供存款人的身份证件，还要提供代取人的身份证件。它只能进行一次部分提前支取。计息按存入时的约定利率计算，利随本清。整存整取存款可以在到期日自动转存，也可根据客户意愿到期办理约定转存。人民币存期分为三个月、六个月、一年、两年、三年、五年六个档次。

零存整取是指开户时约定存期、分次每月固定存款金额(客户自定)、到期一次支取本息的一种个人存款。开户手续与活期储蓄相同，只是每月要按开户时约定的金额进行续存。储户提前支取时的手续比照整存整取定期储蓄存款有关手续办理。一般 5 元起存，每月存入一次，中途如有漏存，应在次月补齐。计息按实存金额和实际存期计算。存期分为一年、三年、五年。利息按存款开户日挂牌零存整取利率计算，到期未支取部分或提前支取按支取日挂牌的活期利率计算利息。

整存零取是指在存款开户时约定存款期限、本金一次存入，固定期限分次支取本金的一种个人存款。存款开户的手续与活期相同，存入时一千元起存，支取期分一个月、三个月及半年一次。利息按存款开户日挂牌整存零取利率计算，于期满结清时支取。到期未支取部分或提前支取按支取日挂牌的活期利率计算利息。存期分一年、三年、五年存本取息是指在存款开户时约定存期、整笔一次存入，按固定期限分次支取利息，到期一次支取本金的一种个人存款。一般是 5 000元起存。可一个月或几个月取息一次，可以在开户时约定的支取限额内多次支取任意金额。利息按存款开户日挂牌存本取息利率计算，到期未支取部分或提前支取按支取日挂牌的活期利率计算利息。存期分一年、三年、五年。其开户和支取手续与活期储蓄相同，提前支取时与定期整存整取的手续相同。

定活两便是指开户时不约定存期，银行根据客户存款的实际存期按规定计息，可随时支取的一种个人存款种类。50元起存，存期不足三个月的，利息按支取日挂牌活期利率计算；存期三个月以上（含三个月），不满半年的，利息按支取日挂牌定期整存整取三个月存款利率打六折计算；存期半年以上的（含半年）不满一年的，整个存期按支取日定期整存整取半年期存款利率打六折计息；存期一年以上（含一年），无论存期多长，整个存期一律按支取日定期整存整取一年期存款利率打六折计息。

3. 通知存款

通知存款是在存入款项时不约定存期，支取时事先通知银行，约定支取存款日期和金额的一种个人存款方式，又分为一天通知存款和七天通知存款。最低起存金额为人民币5万元（含）。通知存款需一次性存入，可以一次或分次支取，但分次支取后账户余额不能低于最低起存金额，当低于最低起存金额时银行给予清户，转为活期存款。一天通知存款需要提前一天向银行发出支取通知，并且存期最少需二天；七天通知存款需要提前七天向银行发出支取通知，并且存期最少需七天。

通知存款对广大农户来说很陌生，但这一存款方式却是日常理财既简单又实惠的方式，作为银行的专业人员，我们可以利用我们的知识为农户提供理财建议，真正成为农户身边的朋友。我们来举个例子。例如一位农户有5万元钱暂时不用，但不知道什么时候会需要，因为农户的生产经营还是经常和天气相关，那么我们就可以把这一笔钱做一个通知存款。如果农户确定至少可以存七天，那么存为七天通知存款，如果觉得最少只能存两天，那么存为一天通知存款。从下面的存款利率表中我们可以看到，七天通知存款的年利率是活期存款的近3倍，一天通知存款的年利率是活期存款的近两倍。

【算一算】

如果一位农户有5万元钱暂时不用，那么我们可以建议他(她)存七天通知存款，七天的利息为1.49%÷360×7×5万=14.49元，如果只是存活期，那么同样的七天，利息仅为0.5%÷360×7×5万=4.86元。5万元存七天通知存款比存活期存款多出近10元，而需要的只是去银行办一下手续，或者在网上银行操作一下。

第二节　农村合作银行贷款业务

针对农户的农村合作银行的贷款业务可分为担保贷款和信用贷款这两大类。担保贷款，是指由借款人或第三方依法提供担保而发放的贷款。信用贷款是指以借款人的信誉发放的贷款，借款人不需要提供担保。

担保贷款包括保证贷款、抵押贷款、质押贷款。保证贷款，是指按《中华人民共和国担保法》规定的保证方式，以第三人承诺在借款人不能偿还贷款时，按约定承担连带责任而发放的贷款。抵押贷款，是指按《中华人民共和国担保法》规定的抵押方式，以借款人或第三人的财产作为抵押物发放的贷款。质押贷款，是指按《中华人民共和国担保法》规定的抵押方式，以借款人或第三人的动产或权利（如存单）作为质物发放的贷款。

下面我们就农村中最常见的担保贷款和信用贷款的例子，学习农村合作银行的贷款业务。

一、担保贷款——森林资源资产抵押贷款

由于发展林业需要大量的资金投入，为充分利用浙江省的林业资源，发展林业产业，根据中央的精神，浙江省出台了

《浙江省农村合作金融机构森林资源资产抵押贷款管理暂行办法》。在该办法的指导下，包括农村合作银行在内的许多银行都大力开展森林资源资产抵押贷款，通过把森林资源进行抵押取得贷款，使广大农户和经济组织，如农村合作社，取得了发展林业的资金，盘活了森林资源，推进了林业产业发展。

（一）森林资源资产抵押贷款的概念

森林资源资产抵押贷款，是指森林资源资产权利人不转移对森林资源资产的占有，将其作为债权担保抵押物，从银行业金融机构申请并获得贷款的行为。简单地说，就是对森林资源拥有所有权或使用权的人或组织，可以将森林资源作为抵押物，向银行等金融机构取得贷款，用于生产经营。

（二）森林资源资产抵押的主体

哪些人可以用森林资源资产作为抵押取得贷款呢？一般来说，经工商行政管理部门（或主管部门）核准登记的企（事）业法人、农民专业合作社或其他经济组织、个体工商户或具有完全民事行为能力的自然人。由此看来，几乎所有拥有森林资源资产的人都有资格获得森林资源资产抵押，包括从事林业生产经营活动的农户、个体经营户、企业以及农村集体经济组织、农民专业合作社等。

但要取得银行贷款，不论是森林资源资产贷款，还是其他类型的贷款，还必须满足一些基本的条件，如有合法稳定的收入或收入来源，信用良好，具备按期还本付息能力；在贷款机构开立基本结算账户（法人）或个人结算账户。如果是法人或经济组织希望取得贷款，还应当按下列步骤来做。

（1）依法办理登记或核准，并连续办理了年检手续。

（2）按照中国人民银行的有关规定，持有中国人民银行核准有效的贷款卡。

如果是自然人的，各家银行会有一些不同的规定，例如在辖区内有固定住所或常住户口，又比如年龄的限制，如有些银行规定，年龄在18~60周岁，有些银行规定，男性在20~60周岁（含），女性在20~55周岁（含）。

（三）森林资源资产抵押贷款的客体

森林资源资产是指森林、林木、林地、森林景观资产以及与森林资源有关的其他资产。

一般银行规定的可作为抵押财产的如下。

（1）用材林、经济林、薪炭林、竹林的林木使用权和所有权及林地使用权。

（2）用材林、经济林、薪炭林、竹林的采伐迹地和火烧迹地的使用权。

（3）法律、法规规定可以作为抵押财产的宜林荒山、荒地等使用权。

（4）法律、法规和国家有关政策规定其他可以作为抵押财产的森林资源资产。

简单地说，森林资源资产要用于抵押取得银行贷款，必须产权清晰、主体明确，并取得县级以上（含县级）人民政府颁发的全国统一样式的林权证。

乍一看，只要产权明晰，所有森林资源都可以用来作抵押取得贷款，但各个农村合作银行都会规定不得用于抵押的森林资源。所以，我们要特别注意不能用于抵押贷款的情况。一般来说，以下这些森林资源不得用于抵押取得贷款。

（1）营造时间不满五年的用材林，没有产出能力的经济林、薪炭林、竹林。

（2）属于生态公益林、国防林、名胜古迹、革命纪念地和自然保护区等法律法规规定不得采伐、流转的森林、林木和林地使用权。

（3）特种用途林中的母树林、实验林、环境保护林。

（4）难于处置变现的森林资源资产。

以及法律规定的其他不得抵押的森林资源的资产。

此外，大多数农村合作银行对所有权不同的森林资源资产的抵押还设定了一些特别的要求，具体来说有以下这些。

（1）国有或国有控股经济组织的森林资源资产抵押，必须由抵押人提出申请，经县级以上林业主管部门审核，报省级林业主管部门批准，并出具同意抵押意见书。

（2）股份制企业、合作经济组织、民营经济组织的森林资源资产抵押，必须附有股东、社员（大）会或董（理）事会同意抵押的书面决议。

（3）村级集体经济组织的森林资源资产抵押，必须附有村民代表大会同意抵押的书面决议，并经本集体经济组织三分之二以上成员或者村民代表三分之二以上签名。

（4）共有森林资源资产抵押的，抵押人应当事先征得其他共有人的书面同意，并出具同意抵押意见书。

（5）抵押人以已出租的森林资源资产进行抵押的，在办理抵押前应当书面告知承租人及本行。

需要注意的是，森林资源资产抵押期间，未经金融机构同意，抵押人不得将抵押物再次抵押或流转，森林资源资产登记机关也不会为抵押森林资源资产的流转办理变更登记。

（四）获得贷款的用途

一些农村合作银行会对森林资源资产抵押贷款的用途作出规定，比如只能用于以下生产活动。

（1）用于林业培育、改造等营林生产。

（2）森林资源保护、竹木经营加工、森林休闲等林业产业。

（3）支付林地承包费用。

但也有一些银行并不规定贷款用途，所得贷款不完全局限于林业生产，也可用于其他生产经营。因此，事先的了解很重要。

(五) 抵押贷款的抵押率、抵押期限及利率

各个农村合作银行对森林资源资产抵押贷款的抵押率规定不同，从评估价值的30%~60%不等，也就是说，评估价值100万元的森林资源资产，可到银行贷款30万~60万元。有些银行规定了最高抵押率，有些银行则按不同的林业资源规定不同的抵押率。

各个农村合作银行根据借款人的生产经营活动周期、信用状况和贷款用途等因素确定贷款期限。浙江省的农村合作银行的贷款期限一般最长不超过3年，其他省份银行的贷款期限最高到10年。

对于符合条件的森林资源资产抵押贷款，其利率一般低于信用贷款利率。为加大对林业金融的扶持，浙江省委、省政府制定了林权抵押贷款财政贴息政策，明确各级财政要加大贴息力度，完善财政贴息政策，提高林业贷款贴息率，延长贴息期限。因此，森林资源资产贷款的利率比一般的贷款利率更优惠。

(六) 森林资源资产抵押贷款主要模式和办理流程

森林资源资产抵押贷款主要模式包括：林农小额循环贷款、森林资源资产直接抵押贷款、林农联保贷款、林权抵押担保贷款模式和森林资源资产收储中心担保贷款。其中，前三种模式是最常见的森林资源资产抵押贷款模式。

1. 林农小额循环贷款模式

林农小额循环贷款由林农提供林权担保，以村为单位集中对林农进行信用等级评定，发放小额贷款证，授信林农凭贷款证随时可到相关银行等金融机构领取贷款。该模式减少了评估环节，集中评定后，在核定的年限内林农可以随用随贷。它有以下特点。

(1) 额度高，利率优惠。林农小额贷款额度最高10万

元，利率参照相应金融机构贷款利率定价管理办法规定进行定价，对低收入林农发放的林权小额循环贷款按基准利率执行。对低收入林农办理的林权抵押贷款的，由基层财政按基准利率100%贴息，对其他林农办理林权抵押贷款的，按基准利率40%贴息，对发放林权抵押贷款的金融机构，给予年利率0.5%~2%贴息。

（2）时限长，使用方便。在核定的年限内可实现一次授信、循环使用、随借随还。

（3）方式多，办理简便。根据贷款金额大小及风险程度等实际情况，可采用信用、保证、抵押、质押等一种或多种方式。在基层林业局对林农森林资产进行统一评估，农村金融机构对林农进行信用评级授信后，林农向当地农村金融机构申请被批准后即可发放贷款。

林农小额循环贷款的办理流程（图3-1）。

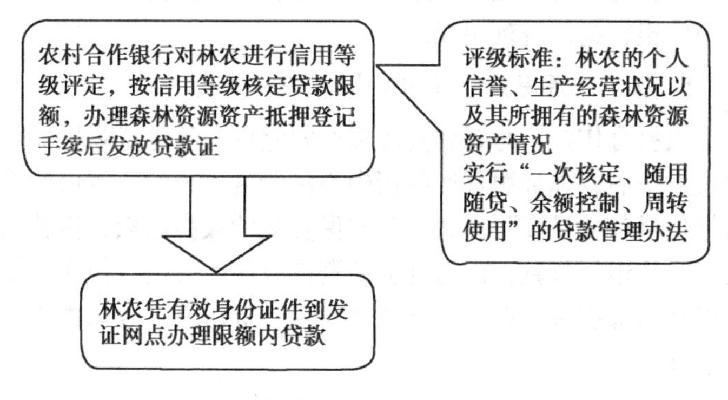

图3-1　林农小额循环贷款办理流程

2. 森林资源资产直接抵押贷款模式

森林资源资产直接抵押贷款是林农以森林资源资产作为保证向银行等金融机构取得贷款，贷款到期时，借款者必须如数归还，否则银行有权处理抵押品，作为一种补偿。

3. 林农联保贷款模式

根据自愿组合的原则，3人以上林业生产者以其有处分权的林木所有权、部分林地使用权作为抵押，互相联合担保，形成一个联保小组，共同为联保小组任一成员向所在地农村信用社申请贷款。农村信用社对联保小组实行最高额授信，在最高授信限额内，联保小组成员之间可结合自己的资金需求实际，灵活申请使用贷款。农村合作银行与各联保林农签订贷款担保协议，各联保林农对贷款承担连带责任。也就是说，几个人共用一个贷款额度，大家可以在这个额度内根据自己的需要使用贷款资金。但是，如果有一个林农不能够还款，那么其他林农需要承担还款义务。

4. 林权抵押担保贷款模式

主要面向较大额度资金需求的林业大户、林业经营者及企业，企业先将林权先抵押给专业森林资源担保公司，再由担保公司向银行提供贷款担保。

5. 森林资源资产收储中心担保贷款模式

农村合作银行与森林资源资产收储中心签订贷款担保合作协议，按照森林资源资产收储中心注册资本金的一定倍数确定其担保贷款的最高限额和单笔担保贷款的最高限额；借款人向农村合作银行贷款，由森林资源资产收储中心进行担保，借款人以其依法拥有的森林资源资产向森林资源资产收储中心提供反担保。

（七）银行贷款流程

农村合作银行在办理森林资源资产抵押贷款时，也和办理其他贷款一样，需要进行贷前调查、贷时审查及贷后管理。

贷前调查：经办支行贷前调查是对借款人提供的全部资料的真实性、合法性、完整性、可行性和对借款人的品行、信誉、偿债能力、担保手续落实情况进行的调查。调查的主要内容有：经办支行调查岗人员核实借款人提供的资料是否齐全，核实借款人提供的材料原件是否真实有效，核实借款人的资信及收入状况、借款用途、还款来源等，核实抵押物情况。

贷时审查：经办支行审查岗人员对调查岗人员提供的资料进行合法性查审，并提出贷与不贷的建议。支行贷款决策人员根据贷款资料，按本行贷款审批权限进行审批。

贷后管理：经办行应加强森林资源资产抵押贷款的跟踪检查和贷后管理工作，当借款人出现未按期还本付息的违约现象时，经办行应积极催讨，对连续几期未按约定还本付息的，应重点检查以下方面。

（1）借款人资格和偿债能力是否发生重大变化。

（2）抵押的森林资源资产是否灭失或损毁。

分管客户经理对借款人提供的资料完整性负责，遇有政策调整或其他因素需要补充借款人资料的，由分管客户经理负责联系借款人补充相关资料。

抵押人在抵押期内的行为足以使抵押财产价值减少的，银行有权要求抵押人停止其行为并提前收回贷款；抵押财产价值减少时，银行有权要求抵押人恢复抵押财产的价值，或者提供与减少的价值相当的担保。

针对森林资源资产抵押贷款的特殊性，在贷后管理方面还有一些特别的要求。

各经办行应确定具有一定林管经验的专业人员定期对抵押森林资源资产经营管理情况进行监督、检查，并出具相应的检查报告。

抵押人在抵押期内有义务确保抵押财产的安全，如发生森林火灾、盗伐及病虫害等情况，应及时报告银行和林业主管部门，并配合有关部门做好善后工作。

在抵押贷款期间，转让已抵押的森林资源资产及申请林木采伐许可证，必须经银行书面同意，否则不得转让和申请林木采伐许可证；银行同意转让的，抵押人应将转让物是抵押财产的真实情况告知第三人。

抵押财产在抵押期间不得擅自改变林地用途，确需改变林地用途的，必须事先报经省级林业主管部门的原核准或备案机构同意，再行办理改变林地用途的审批手续，经批准林地被征用、占用取得的林地补偿费用，优先归还抵押贷款。

（八）违约的处理

如果借款人不能按期偿还当期应付贷款本息即视为逾期，逾期贷款本息加处罚息，罚息利率按各农村合作银行相关规定执行。

对于借款人不能按期偿还贷款本息，经办行应与借款人磋商，如果确认借款人的确无还款能力的。

（1）借款人愿意将抵押物处置的，双方委托中介机构挂牌出让，中介费用由借款人承担。

（2）借款人不愿将抵押物处置的，通过法院起诉或委托拍卖，相关费用由借款人承担。

银行可以通过以下途径处置已作抵押的森林资源资产：采伐、拍卖、变卖、收储、折价、诉讼。

二、担保贷款——农机具抵押贷款

随着农业产业化、现代化的快速发展，传统的手动耕作方式已无法满足广大农民的现实需求，购置农机具，实现机械化耕作已成为越来越多农民的共同愿望。特别是专业农场、农民合作社等农村经济组织的出现，对大额贷款的需求迫在眉睫。农民贷款“瓶颈”问题已经成为阻碍农村经济发展的一大难题。

而农机具抵押贷款创新了银行和农民双赢的模式。一方面，贷款的开展帮助银行拓展了客户范围，减少贷款风险；另一方面，也能解决在农民合作组织新购置农机具过程中的一部分资金缺口难题，有利于缓解农机大户生产经营资金短缺状况，拓展农户融资担保范围，推动农机化发展。

（一）农机具抵押贷款的概念

农机具抵押贷款是指贷款方对借款人发放的以借款人所拥有的大型农机具作为抵押担保的一种贷款方式。

（二）农机具抵押贷款的主体

农机具抵押贷款的对象为从事种植业、农机作业等纯农业类行业的自然人及经济组织，包括农户、农村经济组织及其他涉农组织。

一般来说，申请农机具抵押贷款应具备以下条件。

1. 借款人为自然人的

（1）具有完全民事行为能力。

（2）经常居住地或生产经营场所在贷款方分支机构的服务辖区内。

（3）本人及家庭近 3 年无不良信用记录，有可靠的收入来源和偿还贷款本息的能力。

（4）在贷款方开立个人结算账户。

（5）贷款方规定的其他贷款条件。

2. 借款人为经济组织的

（1）持有合法有效的营业执照。

（2）经营者或主要股东（合伙人）近 3 年无不良信用记录。

（3）生产经营正常，有可靠的收入来源和偿还贷款本息的能力。

（4）在贷款方开立结算账户。

（5）贷款方规定的其他贷款条件。

此外，有些农村合作银行还要求，借款人能支付规定限额的首期贷款；具有农机具操作驾驶能力及相应证件等。

（三）农机具抵押贷款的客体

耕作大型拖拉机（50 匹马力以上）、大型收割机、高速插秧机和经国家有关部门目录认定的单机价格 10 万元以上的其他农机具，同时应具备以下两项条件。

（1）近两年内新购置的。

（2）购买时被列入财政补贴享受范围内的。

（四）获得贷款的用途

一般银行规定，农机具抵押贷款仅限于农业生产经营及农机具再购买中的资金需求。

（五）农机具抵押贷款的抵押率、抵押期限及利率

贷款额度根据借款人合理的资金需求、生产经营情况、资产负债情况、收入情况、自有资金投入情况等因素综合确定，单一农机具抵押贷款额度最高不超过抵押机具评估价格的一定比率。

农机具抵押贷款期限一般在一年以内。贷款利率实行优惠，比同期限档次其他贷款利率适当下浮，如下浮 10%。

（六）农机具抵押贷款的办理流程

农机具抵押贷款和一般的抵押贷款的办理程序稍有不同，首先需要基层农机站的同意才可申请贷款。申请大型农机具抵押贷款的借款人，需到镇（街道）农机站取得并填写大型农机具抵押贷款推荐表，经镇（街道）农机站向市农机局征询，初审同意后才能向农村合作银行的分支机构提出申请。

借款人向农村合作银行的分支机构提出贷款申请时，需要提供以下资料。

（1）出具基层农机站的大型农机具抵押贷款推荐表。

（2）本人有效身份证件、结婚证（或未婚证明）、收入证明［所在村或镇（街道）农机站出具］；借款人为经济组织的，还应提供合法有效的营业执照、财务报表等资料。

（3）农机具购买发票以及型号、动力机号、车架号等。

(4) 贷款方要求提供的其他资料。

农村合作银行对借款人的贷款申请进行调查核实，确定贷款额度、期限和利率，签订借款合同。

签完合同不等于银行就放款了，还必须办理抵押登记手续。需要去市工商行政管理局办理抵押登记手续，抵押登记办理后的动产抵押登记书交由农村合作银行保管。

抵押登记办理后，农村合作银行根据借款人的贷款申请和实际需求，及时发放贷款。

三、信用贷款——农户小额信用贷款

为支持农业和农村经济的发展，提高农村信用合作社信贷服务水平，增加对农户和农业生产的信贷投入，简化贷款手续，根据《中华人民共和国中国人民银行法》《中华人民共和国商业银行法》和《贷款通则》等有关法律、法规和规章的规定，农村信用社推出一种新兴的贷款品种——农户小额信用贷款。

(一) 农户小额信用贷款的概念

农户小额信用贷款是以个人或家庭为核心的经营类贷款，主要的服务对象为广大工商个体户、小作坊、小业主。贷款的金额一般为1 000元以上、10万元以下。借款人无须提供抵押品或第三方担保，仅凭自己的信誉就能取得贷款，并以借款人的信用程度作为还款保证。

(二) 农户小额信用贷款的主体

农户向农村合作银行提出申请小额信用贷款后，银行会对个人信用进行评定，评定合格的农户即可申请农户小额信用贷款。

申请农户小额信用贷款应具备以下基本条件。

(1) 年满18周岁，一般不超过60岁，具有完全民事行为能力，具有有效的身份证明。

（2）户口在当地，并居住在农村合作银行服务区域之内。

（3）家庭成员中须具有劳动生产或经营管理能力的劳动力。

（4）信用观念强、资信状况良好，无恶意逃避债务记录。

（5）从事土地耕作或者其他符合国家产业政策的生产经营活动，并有合法、可靠的经济收入来源。

（6）具有清偿贷款本息的能力和还款意愿。

一般来说，银行主要从以下几方面进行信用评定。

（1）基本情况。是否具有当地户口及固定住所，婚姻状况是否稳定，身体是否健康，是否具有完全民事行为能力。

（2）资产状况。自有资金、家庭财产等。

（3）负债状况。外借资金、其他欠债等。

（4）生产经营状况。收入水平、预期收入水平、家庭前景等。

（5）与农村合作银行关系。是否在农村合作银行开户存款，信用记录是否良好，是否入股等。

（6）信誉程度。是否诚实守信，是否遵纪守法，是否有隐瞒事实套取农村信用社贷款的行为，是否有逃避债务、拖欠贷款本息、违约或赖账等不良信用记录。

经银行评定信用良好的农户，可领到银行发放的农户贷款证（图 3–2）。

图 3–2　农户贷款证

（三）农户小额信用贷款的贷款期限及利率

贷款期限根据借款人的生产经营周期、收益状况、还款能力等因素，由借贷双方共同商议确定。一般农户小额信用贷款的贷款期限最长是 2 年。

贷款利率则根据农户不同的信用等级而有所区分，根据中国人民银行公布的同期同档次贷款基准利率结合额度利率浮动比例确定单笔贷款利率。一般，农村合作银行会将农户信用评定等级分为 AAA 级、AA 级、A 级 3 个档次。

在农户小额贷款开展得好的地区，银行还会给村进行评级，对不同的村实行不同的贷款利率。如果农户所在村为信用村的，额度利率低限为根据中国人民银行同期同档次基准贷款利率上浮 20%，如果所在村未评为信用村的，额度利率低限为根据中国人民银行同期同档次基准贷款利率上浮 30%。

而对不同信用级别的农户，贷款额度也不同。如有的银行有这样的规定：A 级及以下的信用户最高不得超过 5 万元（含），AA 级信用户最高不得超过 8 万元（含），AAA 级信用户最高不得超过 10 万元（含）。

（四）农户小额信用贷款的办理流程

（1）农户向农村合作银行提出评定申请。

（2）已被评为信用户的农户持本人身份证（或户口簿）和农户贷款证到农村合作银行办理贷款，填写农户借款申请书；如有自有房产的，需提供相关房产证明，如为个人生产经营性贷款，需提供相应的营业执照。

（3）办理一张贷款发放银行的借记卡，用来发放贷款和还款。农户可以在网点柜面办理现金支取、转账等结算业务，也可以在具有银联标识的 ATM 机、POS 机等各种渠道办理相关业务。

（4）签订借款合同，发放贷款。

第三节　农村合作银行的中间业务

存贷款是农村合作银行的主要业务，除此之外，农村合作银行还开展很多中间业务，给广大农户的生产生活带来极大方便。

所谓中间业务，是指商业银行代理客户办理收款、付款和其他委托事项而收取手续费的业务。是银行不需动用自己的资金，依托业务、技术、机构、信誉和人才等优势，以中间人的身份代理客户承办收付和其他委托事项，提供各种金融服务并据以收取手续费的业务。银行经营中间业务无须占用自己的资金，是在银行的资产负债信用业务的基础上产生的，并可以促使银行信用业务的发展和扩大。

一、代收代付业务

与广大农户和合作组织密切相关的银行代收代付业务有：代发工资、代扣水电费（非现金）、代收电信话费、代扣烟草款、代扣数字电视收视费、代理保险等。

1. 代发工资

农业合作组织与农村合作银行签订协议，委托银行将每月工资汇入其农户在该行开立的活期存折或卡账户中，只要提供每月农户名单、工资金额，银行每月按时将工资打入农户账户中，完成工资代发。

2. 代收电费/代收水费

直接持电表号/水表号到农村合作银行各营业网点柜台办理即可。有该行借记卡或存折的可持本人的银行卡或存折，无卡折的持本人身份证原件，即可现场完成实时现金缴费。

委托代扣缴费：持在该行开立的活期存折或银行卡及有效

身份证件到银行办理委托缴费手续，委托银行每月从客户指定的账户上扣款。

3. 代理电信话费缴费

在每月的现金缴费日，农村合作银行各营业网点均可办理。

委托代扣缴费：持在该行开立的活期存折或银行卡及有效身份证件到营业网点办理委托缴费手续，委托银行每月从客户指定的账户上扣款。

二、代理保险业务

农村合作银行接受保险公司委托代其办理保险业务的业务。代理的险种有借款人意外伤害险、企业财产险、家庭财产险、机动车辆保险等。

三、电子银行业务（网上银行/电话银行/手机银行）

单位和个人在银行开立账户之后，都可以办理网上银行、电话银行和手机银行等电子银行业务。基本的银行业务，如查询、转账、缴费、投资理财等，都可以通过电子银行办理，而且大部分业务的手续费都比去网点柜台办理低。不仅方便快捷，不受时间、地点限制，随时随地都可以办理，而且省时，不用去银行排队。

办理网上银行，农户需要携带有效身份证件和银行卡，去网点柜台填写申请表或服务协议即可。办理完网上银行后要保管好U盾，记住密码。

电话银行，只需要一部电话，就可以通过拨打银行以9开头的五位服务电话（如浙江省农村合作银行的服务电话就是96596）办理业务。

办理手机银行，农户需要携带有效身份证件和银行卡，去网点柜台填写申请表或服务协议；如果已经是网上银行用户，可以通过登录网上银行来申请手机银行。

【小贴士】

由于互联网是一个开放的网络，银行交易服务器是网上的公开站点，网上银行系统也使银行内部网向互联网敞开了大门。因此，在使用网上银行的时候要特别注意安全，银行工作人员在办理业务时也要向客户提醒一些注意事项。

1. 要妥善保管好U盾和密码，切长时间将U盾插在计算机上。

2. 尽量避免在网吧等公共场所使用个人网上银行。

3. 使用网上银行的电脑请安装杀毒软件及防火墙，并定期更新。

4. 专业版客户可在规定范围内自行设置转账单笔限额以及日累计限额，在网银出现风险时，尽量控制损失。

5. 在每次使用网上银行后，请安全退出并关闭浏览器当前窗。

6. 为防止一些不法分子仿冒网上银行网页，当客户访问网上银行时，核实所在网页的真实性，以便防范钓鱼网站（网页）对客户账户的欺骗和攻击。

7. 进入网银后请客户确认预留私密信息是否正确，如果该回显的信息与客户预留的不一致，请立即停止交易，并尽快与开户网点联系。

四、汇兑业务

实时电子汇兑业务（民乐汇）是全国农村信用社、农村信用联社、农村合作银行、农村商业银行（简称农信银）开通的一项实时异地支付结算业务，农户可以在全国任意一家开通此项业务的农信银机构营业网点办理异地现金汇款、异地转账等业务。

汇兑可分电汇、信汇和票汇三种，但现在一般都使用电汇，方便快捷，一般情况下 24 小时内到账。

对公客户办理汇兑业务时，持财务印鉴到银行柜面填写汇款凭证和结算业务收费凭证办理。个人办理汇款业务时，需持本人有效身份证件到柜面填写汇款凭证办理。

若汇款人、收款人均为个人，通过交存现金办理汇款且对方要求提取现金的，客户需到柜面填写现金缴款单办理现金汇兑业务。

第四章 农村典当与租赁

第一节 典当的基础知识与农村典当

典当是资金需求方以其动产或不动产作为抵押物或质押物交予资金供给方，并按照抵押物或质押物的价格交付一定比例的费用，在规定期限内偿付费用本息，赎回抵押物或质押物的金融业务。在中国，典当业没有纳入中国人民银行、中国银监会等金融管理机构管理系统中，却是最常见最便捷的一种融资方式。作为一种融资手段，典当的资金融入方以抵押或质押的方式获取资金，资金融出方以借贷的方式完成当物和借贷资金的反向流动。

一、典当行的资金来源

典当行的资金来源有两个：一是股东入股的注册资本；二是负债融资。大多数典当行为小型企业，风险较大，所以向银行融资较为困难，因此股东出资占了融资的绝大部分。2011年国务院法制办发布的《典当行管理条例》征求意见稿不仅提高了典当行的资金门槛，典当行的注册资本也从300万元提升到500万元，经营财产权利质押或者不动产抵押业务的，注册资本不少于1 000万元人民币。还明确规定典当行不得吸收公众存款或者变相吸收公众存款，不得发放信用贷款，不得向商业银行以外的单位和个人借款，并明确规定典当行从商业银行取得的贷款余额不得超过其资产净额。

二、典当业务的服务对象

典当业务的服务对象主要为短期小额资金的需求者。

典当的短期融资功能是由当户和典当行共同决定的。一般来说，典当的各种费用明显高于同期银行贷款利率。典当行的收费由两部分组成，即典当当金利率和典当综合费用。典当当金利率，按中国人民银行公布的银行机构6个月期法定贷款利率及典当期限折算后执行。典当综合费用包括各种服务及管理费用：动产质押典当的月综合费率不得超过当金的42‰；房地产抵押典当的月综合费率不超过当金的27‰；财产权利质押典当的月综合费率不得超过当金的24‰；当期不足5日的，按5日收取有关费用。合计的典当费率远高于同期银行贷款利率。

一方面，当户不会通过典当进行长期融资。事实上，如果借贷期限较长，融资方倾向于从银行借款，因为典当贷款的利息明显高于同期商业银行贷款利率，而且融资者还需要缴纳一定比例的综合费用。

另一方面，从典当行的角度来讲，也不希望借款期限过长。首先，融资期限越长，当物的保管期限就越长，仓储费用、维护费用就越大。其次，融资期限越长，当物损失的可能或贬值的程度就会更大，这意味着一旦当物形成“死当”，典当行将很难将当物变现弥补损失。最后，融资期限越长，意味着典当行面临着更大的当物价格波动的风险，当物价格的下行也会对典当行的经营构成影响。这些因素决定了典当贷款一般是短期的借款。

实际中，典当者之所以选择典当借款，大部分是用于应急。例如，当个体遭遇突发事件急需资金，银行对贷款客户的审查严格、手续繁杂，很难满足客户的急切的资金需求。典当业务弥补了银行贷款的不足，它的手续简单，能够满足客户短线资金需求。另外，当企业临时遇到资金周转不开的情况时，典当行可以为中小企业快速、便捷地提供过渡性资金。典当已经为中小企业提供了一种新型的便捷融资渠道。

典当一般解决的是融资者小额资金需求，但其业务有转向大额资金借贷的趋势。一方面，作为商业银行的补充，典当业的发展限于商业银行业务不能或尚未涉足的领域。其中，典当机构贷款的小额性就是这样一种情况。典当机构给付融资者的资金要小于银行贷款金额，这满足了某些融资者特殊的资金需求。例如，某些融资者需要一笔数额较小的款项，他们从正规的金融机构是无法借到的，原因在于正规金融机构所提供的贷款数额远大于其资金需求，这时通过典当进行融资就成为一种有效的融资途径；另一方面，典当行进行小额资金借贷，相对应的是其低风险性。与抵押不同，典当业务的特点是要转移标的资产的所有权或处分权，即在规定时间内，融资方未赎回当物时，典当行有权占有或处分该当物。这就涉及当物的流动性问题。较高金额的当物流动性较低，典当行所面临的风险也较大。所以典当所经营的业务中，抵押物或质押物涉及金额通常较低。但近年来，典当业务有转向大额资金借贷的趋势。2001年，典当行业经营范围中，房地产被包含在内，这标志着作为抵押物或质押物，房产进入典当行业的开端。更主要的是近年来全国房地产市场火爆，房地产价格不断上涨。由于典当业者倾向于保值增值的物品，故而房产受到他们的青睐。这样，典当业者就不会担心出现无法赎回当物时典当行难以通过变卖典当物获利的情况，因为不断上涨的房产价格减小了这样一种可能。

三、典当资金运用

典当行对其资金的运用有着严格规定。典当行的资金按规定不得应用于投资等业务，而可以应用于典当行的主营业务，诸如发放质、抵押贷款，即所谓当金；绝当物品的存管费用以及销售费用等。涉及业务如前所述，有房产抵押、股票质押、机动车质押、民品质押、股权质押等。抵押与质押有很大区别：质押是指债务人或第三人将限定种类的财产移交给债权人占有、作为债权的担保而融资的行为。质押主要针对动产，对不动产的转移，则需要登记，而非转移其占有。抵押则是指融资需求方提供个人所有的资产（种类无限制）作为债务担保而进行融资的行为。两者间最大的区别就是质押必须转移对质押物的占有，而抵押则不用。

四、典当行的风险管理

典当行面临如下几类风险：国家与行业主管部门正在实施的经营管理政策调整，而对典当经营产生的直接影响的政策风险；典当行由于对人财物的管理不当所造成的管理风险。

管理风险在典当防范风险中可分为三类。

（1）在管理风险中，首当其冲的是对人的管理。经营人员对政策、法规、鉴定知识的陌生常常会破坏一家典当行的正常经营状态。因此，聘请对市场变化了如指掌的合规管理人员以及有相应资质的鉴定评估人员才能做到对物品评估的公平、公正，化解典当行风险。

（2）物的管理也很重要。因为物的存储状况的好坏，直接关系到一家典当行所能收回资金的多少以及自身信誉。对绝当物的保护不力使绝当物的价值大幅下跌，导致典当行无法按时按量收回本金。对在当物的管理不善使客户积存的财产受到损失，直接导致典当行信誉下降。

资金管理是确保典当业务活动正常开展的保障。由于典当行自身承担风险很大，而且融资渠道有限，极易出现资金链断裂的现象，这一点对主营业务为房地产典当的典当行尤为重要。典当行为防止资金管理风险，应处理好“大额”和“小额”业务的关系，在经营中要保证流动性较大的业务标的物的所占比重。

(3) 最后是市场风险。这种风险是指典当业在经营中因遇到价格、供求、特业管理等诸多因素变化，而给自身造成的被动乃至损失。例如，文化艺术品就有追风涨价的特点，因此，对该类艺术品的典当业务需要尽量缩短存储期间，以防止时间的流逝投资热门的转移造成艺术品价值的下跌给典当行造成损失。另外，典当行也应尽量减少流动性较低的绝当物存储量，通过拓宽销售渠道，营建配套销售网点减少此类绝当物的存量。

五、典当行的组织结构

典当行的组织结构种类繁多，一些小的典当行限于规模和从业人数，无法建立公司法人治理结构，而一些大的典当企业则不仅在内部建立了完善的法人治理结构同时还设立分支机构，实现业务领域在地域上的拓展。该类企业所遵循的是公司法的规定，健全的法人结构包含以下要素。

(1) 股东会或者股东大会，由公司股东组成，所体现的是所有者对公司的最终所有权。

(2) 董事会，由公司股东大会选举产生，对公司的发展目标和重大经营活动作出决策，维护出资人的权益。

(3) 监事会，是公司的监督机构，对公司的财务和董事以及经营者的行为发挥监督作用。

(4) 经理，由董事会聘任，是经营者、执行者。

六、典当业务介绍

(一) 业务分类

现阶段的典当行的业务范围，除了传统的动产典当，诸如机动车典当和民用品典当之外，还有新兴的房地产典当、证券典当和保单典当等。这里重点介绍新兴的典当种类。

1. 房地产典当

房地产典当是有借款需求的机构或个人先将其房屋、土地以及在建工程进行评估，之后到房屋所在地机关办理登记手续，并就已经取得所有权的部分抵押给典当行获得当金。在《典当行管理办法》中，房地产业务被纳入到典当行经营业务范围中。房地产典当业务为借款者提供了更大的方便。例如，在进行房地产开发时，开发商可能由于一时资金周转不开而耽误了工期。一旦延期交货，开发商将不得不支付巨额的违约赔偿金；银行贷款手续繁杂，资信审查较严，可能满足不了开发商紧急贷款需求。这时，房地产典当业务为开发商提供了一条较为可行的融资渠道。开发商可以以在建工程作抵押，向典当行借款。这样开发商的资金缺口得到弥补，免于支付大额赔偿金，按期赎回抵押的在建工程；典当行也因为交易标的数额巨大而获利颇多。

2. 证券典当

证券典当是指借款人将所有的股票、基金、债券、权证等有价证券质押给典当行用以融资的一种新投资形式。这种融资方式为证券投资者提供短期的融资功能。本来融资融券业务是可以为证券投资者提供短期融资业务的，但由于该项业务门槛较高，普通投资者无法介入。证券典当的实质是在融资融券业务基础之上的融资业务，但因为门槛较低，手续简便而深受证券投资者的青睐。投资者买入看涨的证券，将其质押在典当行中，取得一部分资金，过一段时间证券价格上涨，再支付一定金额的利息，赎回证券卖出获利。所以，要想获利，投资者需要准确把握股市趋势，否则要偿付本利，损失极大。

3. 保单典当

保单作为一种财产权利，保单所有人可以通过质押保单获得现金的一种融资方式。保单贴现在美国发展最为成熟，从1993年美国政府立法以来至今已经形成上百亿的市场规模。发展保单典当有两个条件：其一，保单是以保险公司的信用所做的担保，其价值相对稳定。作为当物的保单如形成“死当”尚可变现，典当行所承担的风险较小。其二，中国人寿保险市场份额巨大，保单典当有很大的发展空间。

（二）业务流程

典当流程共经历四个阶段，即收当、续当、赎当、绝当。

1. 收当

在收当过程中，典当行对当物和客户进行鉴别和审核，以确定是否继续下面的流程。首先对当户的身份进行审核，一般是禁止无民事行为能力人和限制行为能力人从事典当业务。当事人需要出具有效证件，证明自己是合法公民并有权参与典当业务。此外，还需要对当物进行鉴定，首先要从当物的物理属性上加以关注，鉴别当物的真伪、优劣、成新率等，这是为了确定当物是否具有客户所宣称的经济价值。如要典当一件金饰，需要提供购买时的有效证件例如发票，但还可能需要提供其他的证件，例如提供相应的鉴定证书。

其次，要对当物是否合法进行鉴定。现在，典当行业已经开始通过联网进行涉案当物的查询，故而这一过程快捷方便。在当物与当户鉴定完成之后，如果没有发现问题，典当行就可以开始对当物进行价格评估了。我国典当行业的评估当物的方式有三种，一种是典当行作为独立的评估主体，这一规定在典当行业发展初期曾经造成一些显失公平的典当交易。基于这一点，现在典当行业相关规定将价格评估主体拓展为典当双方，这无疑是一个进步，这条规定更有利于实现典当交易的公平。但在实践中，当户可能缺乏对相关当物的专业知识，造成典当的实质不公平性。为了杜绝此类现象的发生，典当行业的管理办法也规定可以引入第三方机构对某些特殊的当物进行评估。在农村典当的实务中，涉及祖传的文物和艺术品的典当过程中，由于农户缺乏对当物的专业知识，造成典当业务有失公平，第三方评估机构的介入有利于消除这种不公平性。

在评估过程中，典当双方约定评估价格、当金数额、期限、折当率和息费率。典当的期限一般在1个月左右，双方约定的期限只是名义上的期限，在实际交易的过程中，当户可能提前或延后赎当甚至不去赎当，任由当物成为绝当品，这在之后的部分会有介绍。所谓折当率是典当行按照对当物估值的一定比例发放当金。折当率=典当行发放当金数额/当物估价，折当率的存在主要是典当行为了减少绝当物品处置风险来设置的。息费率的计量则比较灵活，理论上有两种方式：一种是先扣除费用，在赎当时再扣除利息；另一种是预先不扣除任何费用，在赎当再扣除利息和费用。虽然管理当局禁止典当行预先扣除利息，但在实际操作中，一些典当行也可能在贷款前预先扣除利息，这需要农户和农村中小企业在贷款时仔细甄别，防止自身利益受到侵害。

典当双方所约定的评估价格、当金数额、期限、折当率和息费率以书面形式记载于当票上，当票的重要性不言而喻。首先，当票具有合同效力，而且是由典当行出具的格式条款。需要注意的是，格式条款是由典当行出具的，由于这些条款在拟定过程中并未体现当户的意思表示，为了公平起见，根据《中华人民共和国合同法》规定，格式条款如出现歧义，有两种以上的解释，为实现合同的公平，则采用不利于格式条款拟订者的解释。作为当户的农户和中小企业需要认识到这一点，以最大限度地维护自己的合法权益。当票涉及的双方当事人承担各自的责任和享有各自的义务，作为当户的农户和中小企业也需要认识到这一点，切实履行好自己的义务。

2. 续当

我国《典当管理办法》规定，典当期内或期满 5 日内，经双方同意可以续当，续当一次的最长期限为 6 个月。续当时，当户应结清前期利息和当期费用。在续当的过程中，当户需持当票及有效证件来典当行办理相关手续。

典当行也需要对当物价值进行重估，因为可能的情况是随着时间的流逝和情况的变化，当物价值也发生着变化。例如，金价上涨就有可能影响到金饰品的估价。在办理续当业务前，双方需结清前当期利息，有的还要交纳本期综合费用。在商定续当期间当物的评估价格、当金数额、期限、折当率和息费率后，双方在续当当票上签章，续当成立。

3. 赎当

赎当分为三种：按期赎当、提前赎当、逾期赎当。第一种比较简单，相关利息与费用的收取都按照当票上的规定进行计算。提前赎当则分情况进行计量，如果当期不足 5 日，则按照 5 日计收。如果当期超过 5 日，则按照一个月计收。每月按照 30 天计算，则典当期不足 5 日的按照计算公式：提前赎当收费 = 当金数额×当金息费率×5/30。当户持当票及有效证件来典当行，在按照相应方法计算本利后，典当行支付本金和利息，结清一切费用。当户典当期限或续当期限届满至绝当前赎出的，除须偿还当金本息、综合费用外，还应补交逾期费用，即按人行规定的银行等金融机构逾期罚息水平、典当行制定的费用标准和逾期天数，补交当金利息和有关费用。所以，农户和中小企业应当掌握好赎当时间，避免意外损失。

4. 绝当

如果当户在到期届满 5 日后，既不续当也不赎回的行为，称之为绝当。根据规定，典当期限不得超过 6 个月。当典当期限届满后，当户应在 5 天内赎当或续当，逾期不赎当或续当为绝当。

绝当后，绝当物的处理方式不尽相同。对估价金额不足3万元的，典当行可以自行变卖或折价处理，损益自负；当物估价金额在3万元以上的，可以双方事先约定绝当后由典当行委托拍卖行公开拍卖。拍卖收入在扣除拍卖费用及当金本息后，剩余部分应当退还当户，不足部分向当户追索。

七、农村典当

（一）农村典当的功能

1. 满足农户的临时需要

例如，农村逢年过节、婚丧嫁娶时需要一笔短期资金，而农户可能一时无法筹集规定数额的现金，如果没有典当行，农户只能诉诸高利贷。农民借钱应付急需，并不考虑利息高低。正如贵州省毕节地区企业调查队于2003年所公布的那样，对当地农村高利贷问题所做的随机抽样调查报告显示“在抽样调查当中，月息普遍都在3分到8分上下浮动，贷6~8分息的农户比例占高利贷总户数的15.62%，更重要的是高利贷多数实行利滚利式的计息方式，实际月息比账面月息要高得多。”但高利贷的沉重利息负担是农民所负担不起的，而典当业务的出现为农户提供了一种利息较低的短期融资渠道。

2. 起到维护农村信贷秩序的作用

中国的民间高利借贷源远流长，直到现在仍未禁绝。民间高利贷中，通常出现高利贷和借款人拒绝还款的情况，与之相伴随的讨债等问题延绵不断，严重破坏了正常的金融秩序。尽管有关部门多次采用打压手段抑制民间高利贷，但效果微弱。因此，不如以疏导为主，通过发展规范的农村典当业挤压民间高利贷生存空间，这样既满足了农村的贷款需求又抑制了农村高利贷业务的发展。

3. 为乡镇企业拓宽融资渠道

尽管近年来我国乡镇企业有了较大发展，但它们一直受到融资难问题制约。正规的贷款渠道不能满足农村小型企业和处于成长期企业的贷款需求，这是因为这些企业规模较小，缺乏贷款所必需的信用，因此很难从正规金融渠道贷得款项。相比于正规金融行业，典当业对贷款人的信用等级几乎没有要求，借贷手续、额度、用途等要求较为宽松，这种信贷模式与乡镇企业的灵活多样的经营模式相匹配，有助于为贷款人提供有力的资金支持。

（二）当前农村典当存在的问题

目前，典当行业进军农村的前景被普遍看好，然而发展农村典当还存在着若干障碍。

首先，是信用风险较高。由于农村自身具有地广人稀、基础设施不发达的特点，造成农村信贷市场分割的特征。在这些彼此分割的市场中，要想获得典当客户完整的信用信息是很困难的。这种信息不对称的现象是农村典当机构面临极大的信用风险。特别是农村地区，人们的收入水平相对较低，偿付能力较弱，一些当物容易成为“死当”。虽然有当物作为可能的损失补偿，但考虑到中国农村大部分地区基础设施、商业设施不发达，当物成为“死当”后可能难于变现。而如果运到城市去卖，运输成本有可能较大。所以，农村典当行业面临着比城市更高的信用风险和流动性风险。

其次，在农村地区，典当业再融资难度会增加。中国的农村地区金融体系本来就比城市的薄弱，所以处于农村的典当企业更难获得资金支持。而且如前所述，典当企业在农村面临着比城市更大的信用风险和流动性风险，正规金融机构很可能拒绝为其融资。此外，国家也并没有出台政策或提供资金为农村典当业的发展提供支持，这无疑限制了典当业在农村地区的发展规模。

最后，在农村地区，典当行面临着其他金融机构的激烈竞争。2006年发布的《调整放宽农村地区银行业金融机构准入政策的若干意见》，提出要在农村增设村镇银行、贷款公司和农村资金互助社三类金融机构。2007年又发布相应金融机构的暂行规定。以此为契机，2007年，中国第一批农村新型金融机构挂牌成立，其中包括三家村镇银行和一家贷款公司。农村合作金融机构也随后出现。之后，一系列扶持和规范新型农村金融机构的政策文件出台，这些非正规金融机构受到政府支持，发展迅速。相形之下，典当行业完全靠自身经营，难以获得政府支持，如不提高自身服务质量进行业务创新，则很有可能被淘汰出局。

（三）农村典当实例

某农户由于担心种子价格上涨，以一定价格向公司预定了一批种子，公司要求他们交纳人民币1万元的保证金。农户手头上没有这么多现金，而大额定期存款没到期，提前支取会损失一大笔利息收入。对此，该农户寻求当地一家典当行的帮助。

经该典当行业务员详细了解情况后，结合客户具体要求立即提出融资解决方案：由于订购期间并非处于农忙时节，建议农户将自用的拖拉机进行典当融资，借款1万元（当金），此举一方面快捷解决了预定种子所支取的保证金难题；另一方面在农闲时节将拖拉机交由典当行保管在室内专用车库，不用担心日晒雨淋和安全问题，而且费用也较低，正所谓一举两得。农户当即同意并办理有关手续，2个小时后已收到借款。三个月后农户存款到期，来典当行交还借款，办理了车辆赎当手续，全部费用不足1 500元。农户表示他们全家都十分感激典当行，纷纷表示：以后购买种子再也不用担心保证金问题了！

有一家生产中药材的中型乡镇企业。为促进公司业务发展，需要马上投资生产新的药材。该公司短时间内无法筹集大量的现金，而距要求款项到位的时间只剩下3天了。该公司得知当地典当行为乡镇企业提供专门的贷款，该公司马上与典当行取得联系，并拿出中药材产成品来典当行进行抵押贷款。

由于这批中药材品质较高而且有相关药店和医院签订的采购合同证书。经过业务经理鉴定评估，确认了这批药材的价值。不到30分钟的时间里，该企业获得10万元当金。30天过后，该公司以极低的费用赎回了作为当物的药材。

第二节　租赁业务

一、租赁的基础知识

（一）租赁的定义

租赁的当事人有出租人和承租人。在租赁关系中，出租人定期或不定期将自己所拥有的某种物品（不限于土地和建筑物）交予承租人排他性占有，承租人由此获得在一段时期内占有该物品的权利，但物品的所有权仍保留在出租人手中。作为补偿，承租人需向出租人支付一定的费用。

（二）租赁公司的资金来源

现阶段，租赁公司已经实现了融资渠道种类的多元化，除了依靠银行借款。租赁公司的资金来源还可为发行公司债券。自2009年8月底央行、银监会联合发布公告，允许符合条件的金融租赁公司发行金融债券。交银金融租赁公司由于有银行背景，发行了首批租赁企业金融债券，该公司于2010年7月发行了三年期金融债券20亿元。

中长期资金来源目前主要依靠资本金补充、保理、发债三大渠道获得。资本金补充主要依靠向原有股东定向增发新股，或吸收新股东；融资租赁保理业务是指，通过受让租赁公司融资租赁合同项下应收租金，由银行向租赁公司提供应收租金融资、管理、催收以及承租人信用风险担保等金融服务。而金融债发行一般为三年期、五年期，可以拓宽持久资金来源渠道，与租赁项目期限相匹配。

（三）租赁的基本分类

1. 从会计角度分类

从会计角度，可以将租赁分为融资租赁和经营租赁。融资租赁的租金是使用资金的对价，租金由取得贷款的本金、利息和出租人赚取的利差构成。经营租赁的租金是使用物件的对价，与出租人取得设备的资金成本无直接关系。但出租人收取的租金至少应足以支付相关税费及购置设备资金的利息。

按照会计准则，满足下列标准之一的，应认定为融资租赁。

（1）在租赁期届满时，资产的所有权转移给承租人。

（2）承租人有购买租赁资产的选择权，所订立的购价预计远低于行使选择权时租赁资产的公允价值，因而在租赁开始日就可合理地确定承租人将会行使这种选择权。

（3）即使资产的所有权不转移，但租赁期占租赁资产使用寿命的大部分（这里的“大部分”是指租赁期占租赁资产使用寿命的75%及其以上）。

（4）承租人在租赁开始日最低租赁付款额的现值几乎相当于租赁开始日租赁资产的公允价值；出租人在租赁开始日最低租赁收款额的现值几乎相当于租赁开始日租赁资产的公允价值。

（5）租赁资产性质特殊，如果不作较大修整，只有承租人才能使用。

2. 按当事人的关系分类

按照当事人关系，租赁可以分为直接租赁、杠杆租赁和售后租回。

直接租赁只涉及出租人与承租人；杠杆租赁涉及出租人、承租人与贷款人，出租人是承租人的债权人，却是贷款人的债务人；售后租回是承租人先将资产卖给出租人，再将该资产租回的一种租赁形式。

3. 按租赁期分类

按照租赁期长短，租赁可以分为短期租赁和长期租赁。

短期租赁的租期明显短于租赁资产的经济寿命，而长期租赁的租期则接近租赁资产的经济寿命。正因为如此，出租人对租金的多少也有不同的要求。短期租赁中，出租人倾向于选择全部租金不足以补偿租赁资产全部成本的不完全补偿租赁，这是因为短期租赁模式租赁期结束后租赁资产还有一定残值。而完全补偿租赁是指全部租金超过租赁资产全部成本的租赁，这种租赁方式与租赁期接近租赁资产经济寿命的长期租赁相匹配，因为租赁期过后，租赁资产没有或只有很少残值，出租人为了求得相应补偿，所以要求租金较高。

4. 按是否租约分类

按照租约是否可以随时解除，租赁可以分为可撤销租赁和不可撤销租赁。

可撤销租赁的承租人可以随时解约，所以出租人承担较大风险。不可撤销租赁是指租赁合同到期前不可以单方面解约，这对出租人有利，因为它为出租人提供稳定的现金流预期。

5. 按行业分类

按照行业分类，租赁公司主要分专业租赁公司和非专业租赁公司。

专业租赁公司以租赁为主业，兼营其他相关业务。如传统租赁公司、金融租赁公司、中外合资租赁公司。非专业租赁公司包括：信托投资公司、财务公司、金融资产管理公司、厂商租赁、战略投资机构等，该类机构一般不以租赁为主业，但其经营范围内有租赁业务。

还有一些行业具有租赁性质，但没有被划分为租赁行业的诸如旅游、房地产、交通运输等短期拥有使用权的产业，已另成体系，不以租赁进行分类和统计。

二、租赁流程

租赁物千差万别，在此仅以有代表性的融资租赁为例，对租赁的基本流程大致归纳如下。

（1）企业向租赁公司提出融资租赁申请，填写项目申请表。

（2）租赁公司根据企业提供的资料对其资信、资产及负债状况、经营状况、偿债能力、项目可行性等方面进行调查。

（3）租赁公司通过调查认为具备可行性的，其项目资料报送金融租赁公司审查。

（4）金融租赁公司要求项目提供抵押、质押或履约担保的，企业应提供抵押或质押物清单、权属证明或有处分权的同意抵押、质押的证明，并与担保方就履约保函的出具达成合作协议。

（5）经金融租赁公司初步审查未通过的项目，企业应根据金融租赁公司要求及时补充相关资料。补充资料后仍不能满足金融租赁公司要求的，该项目撤销，项目资料退回企业。

（6）融资租赁项目经金融租赁公司审批通过的，相关各方应签订合同。

（7）办理抵押、质押登记、冻结、止付等手续。

（8）承租方在交付保证金、服务费、保函费及设备发票后，金融租赁公司开始投放资金。

(9) 租赁公司监管项目运行情况，督促承租方按期支付租金。

(10) 租期结束时，承租方以低价回购。

三、租赁公司组织框架和外部监管

金融租赁公司属于银行系统的如工银租赁、建信租赁、国银租赁、招商租赁、民生租赁等，直属监管是银监会租赁处。一般租赁公司由于经营范围不同，相应监管机构也略有差异，其监管机构有工商管理部门和商务部等机构。尚有些租赁公司由于种种原因没有监管机构，例如汽车租赁公司，由于监管的缺乏，一些不法分子也利用此机会谋取非法利益。

融资租赁公司经营管理层面的内部组织结构的设置，除办公室、人力资源、财务等管理部门外，其组织结构则与公司的主营业务以及所服务的客户群体和运作模式有关。融资租赁公司必须根据公司自身业务开拓、资金筹措的方式、风险控制的特点和企业不同的发展阶段，设立和调整公司的经营管理结构。

银行类金融租赁公司，例如上面所提到的交银金融租赁公司，由于有银行内部的风险评估职能管理部门作为经营支撑，其业务结构重点只集中于市场开拓、产品研发等部分。由于银行的背景，这些业务部门类似于银行信贷部门，为了增强可控性，可以将他们进行分类。

厂商类融资租赁公司，通过与厂商签订战略合作协议而为厂商提供融资租赁外包服务，因而不需要专门的市场拓展部门。而此类租赁公司的重点部门为业务部门，为了加强融资租赁公司与销售部门的密切合作，业务部门需要按地区或产品设置，以利客户或项目选择的基本标准和回购的风控方案的制定。由于涉及风险控制，财务部门和融资部门也是必不可少的。

专营项目融资租赁且涉及资产证券化、银行保理的租赁公司，其内部经营管理的结构以项目团队为单位与券商、信托、银行等机构沟通。这种方式决定了融资在此类租赁公司的重要作用，因此此类公司一般设立专门的融资部门，服务于各个项目团队。

以财务投资为主的独立机构类型的融资租赁公司则注重于项目还贷风险研判，这就需要机构设立独立而完备的客户资信、项目风险评估部门。业务部门的设置往往是根据行业或地区来设置。

四、农村租赁

（一）农村租赁简介

农村租赁是一种特殊的金融服务。首先，租赁手续相对于传统的金融方式更加简便、内容多样，能够满足农村地区不同层次的需求。其次，租赁还款方式灵活，使农民可以根据每年的收成做出相应调整。最后，租赁模式可有效地提高农村企业资金周转率和存货周转率，这对于资金相对紧张的农村中小企业来说是相当重要的。

目前农村租赁服务项目有以下四种：生产机械租赁、运输工具租赁、建筑器械租赁、婚丧嫁娶仪式用品租赁。其中，道路状况的改善使农村运输业迅速发展是运输工具租赁兴起的原因。而建筑器械租赁的产生与发展是由于社会主义新农村的建设使农民收入有了显著提高，从而对住房的需求也不断提高；相应地，对建筑器材需求日益增多，这些器材除一部分自购外，绝大部分需要租赁。

（二）农村租赁的可行性

目前，农民对农村租赁需求很大。在生产生活中，农民急需农业机械、运输工具等生产必备的器具。而一旦发生紧急事件，需要购置防洪抗旱器械、防虫灭虫器具等应急器材。对于日常使用的设备，农民由于资金不足无力购买，租赁的低成本特点受到农民的青睐。有的器具使用是应急性的、临时性的，农民没有必要购买它们，租赁的期限灵活性和手续简单的特点又能满足农民这一特殊需求。我国农业生产正处于飞速发展时期。但是与此同时，我国农业技术含量相对于发达国家而言还存在起点低、更新缓慢、投资不足等缺陷。为了满足农村经济高速发展的需要，农业生产必须向着现代化、机械化、专业化的方向发展，而雄厚的资金支撑是必不可少的。农村金融租赁以其独有的特点恰能成为弥补这一资金空缺的最佳选择。

第五章　小额贷款

第一节　小额贷款概述

一、小额贷款的概念

小额贷款，是指对城乡低收入者提供一种小规模的可持续的贷款金融服务。主要是针对低收入农民、各种微型的非农经济体以及小商贩等发放短期无担保的小额贷款。贷款的金额一般为 20 万元以下，1 000元以上。

虽然小额贷款发展的初期是作为一种金融模式的扩展，但其目的则是为低收入者和微型企业提供自我实现和发展的机会，使其摆脱贫困的状态。因此，小额贷款同时也是一种重要的扶贫手段。

农村小额贷款是指专门以贫困或中低收入农村群体为特定目标客户，并提供适合特定目标客户的金融产品服务，这是农村小额贷款项目区别于正规金融机构的常规金融服务以及传统扶贫项目的本质特征。

二、我国农村小额贷款的现状

我国自 1993 年试办小额贷款以来，经历了从国际捐助、政府补贴支持到商业化运作的过程。目前，我国小额贷款大体上可以分为三种类型：一是大银行提供的下岗失业担保贷款、助学贷款和扶贫贷款，总计有几千亿元的贷款额度。二是农村信用社的小额贷款。有6 100万农户享受到1 927亿元贷款，覆盖面占到全部农户的27.3%；还有一部分农户联保贷款，约有1 200万户享受到141亿元的贷款。三是目前存在的100多个非政府小额信贷组织，提供了约10亿元的贷款。尽管我国小额贷款产生的时间比较早，但在小额贷款的运行过程中，出现了许多具有我国特点的问题。

（一）农村小额贷款资金存量不足，难以满足农户需要

我国现阶段农村金融的根本问题是资金问题。随着农村经济发展的进程加快，农户对小额信贷资金的需求越来越大，加之中国部分小额信贷项目不能吸收公众存款，只能依靠外部资金注人，缺乏可持续的资金来源，影响了小额贷款的资金供给，加剧了农村小额信贷资金的供求失衡，形成需求大于供给的局面。其原因一方面在于农村资金大量外流，影响了农村资金的整体供给。另一方面，公益性小额贷款机构主要依靠捐赠，缺乏融资渠道。一旦捐助者和政府资金出现变动，借款者的偿还出现了延迟，小额贷款机构就没有能力对客户的信用需求做出灵活的反应。

（二）行政干预造成小额贷款风险加大

一是由于对小额贷款的认识还停留在扶贫手段的层面上，这就不可避免地使小额信贷染上行政色彩。而这种行政色彩一旦形成，便出现了重资金发放、轻资金管理和回收的现象。二是由于以前项目的失败，农户大都不同程度地存在拖欠农村信用社贷款的情况，政府组织的新项目推广以后，更容易使农民贷款风险重叠。三是一些村组为转移农村的部分经济矛盾，村组干部向农户借贷款证套取贷款，而村组最终又无偿还能力，致使农村信用社与借款户的矛盾激化，成为小额信贷管理中遇到的新漏洞。

（三）农村小额贷款缺乏保障机制，风险无法分散

一般的金融机构发放贷款，都需要担保。坚持有担保原则，对保障贷款债权的安全具有重要的意义。而现行小额贷款原则上不需要抵押担保或可采取灵活多样的抵押担保形式。但是因为农业产业是一个受自然灾害、市场行情、人为因素等诸多环节影响的弱质产业，小额信贷的借款主体——农民，大多还属于经济弱势群体，自身抗风险能力比较脆弱。其担保作用与一般金融机构的商业贷款担保相比，也是微乎其微。薄弱的农村征信体系和保障机制致使小额贷款的高风险不能有效地分散，不利于小额贷款的长期发展。

（四）农村小额贷款利率单薄，引发诸多弊端

我国开展小额贷款业务的机构包括正规金融机构和非政府民间信贷机构。非政府民间信贷机构有相当自主的利率定价权。然而，对于正规金融机构，我国实行的仍然是利率封顶政策，对存贷利率实行严格的国家控制。城市商业银行与担保公司联合开展的小额贷款项目，以基准利率放贷，由财政贴补，借款人不支付利息或利率很低。这种控制使目前大部分正规金融机构收取的利率不能补偿操作成本，无法达到自负盈亏的局面，不得不依靠外部补贴，这成为影响其财务可持续发展的不利因素，也造成了大多数金融机构不愿意涉足农村信贷业务的局面。

（五）农村小额贷款放贷主体缺少监管

目前，我国的小额信贷根据放贷主体，分为三类：一类是以国际资助为资金来源，以民间或半官半民组织为运作机构的小额信贷试验项目；一类是以国家财政资金和扶贫贴息贷款为资金来源、以政府机构和金融机构为运作机构的政策性小额贷款扶贫项目；还有一类是以农村信用社存款和央行再贷款为资金来源、以农信社为运作机构的农户小额信用贷款和联社贷

款。第一类项目长期发展的合法性问题没有解决，对其行为进行金融监管更是困难重重。第二类项目的基本目标是实现政府的扶贫攻坚任务，其在确立项目和机构的可持续发展问题上尚未得到重视，且在体制和管理制度上存在着弊端，造成了金融监控困难的问题。目前，我国小额贷款组织还处于摸索试点阶段，没有一整套法律框架来界定小额信贷组织的法律地位，也没有系统的监管框架来对小额贷款组织实施有效的监管。

第二节 小额贷款公司

一、小额贷款公司的建立背景

中国是一个农业大国，农村人口占比很高，农村、农业、农民所获取的金融资源和融资服务，却一直处在相对稀缺状态。这一状态集中表现在：县域金融机构网点与从业人员数逐年下降；县域内金融机构存贷差规模逐年加大，资金流出农村的现象严重；农村地区金融机构组织体系不健全。

金融对“三农”和小企业的有效支持不足，直接影响到农民获得生产和扩大再生产资金、开拓市场、应用新技术和推广优良品种的步伐，进而影响到农民增收、农业发展和农村稳定。

有鉴于此，在进一步鼓励和促进存量金融加大对“三农”投入的同时，引入创新金融机构、完善现代农村金融服务体系也被提上议事日程。

二、小额贷款公司的概念

小额贷款公司是由自然人、企业法人与其社会组织投资设立，不吸收公众存款，经营小额贷款业务的有限责任公司或股份有限公司。与银行相比，小额贷款公司更为便捷、迅速，适合中小企业、个体工商户的资金需求；与民间借贷相比，小额贷款更加规范、贷款利息可双方协商。

小额贷款公司是企业法人，有独立的法人财产，享有法人财产权，以全部财产对其债务承担民事责任。小额贷款公司股东依法享有资产收益、参与重大决策和选择管理者等权利，以其认缴的出资额或认购的股份为限对公司承担责任。

小额贷款公司应遵守国家法律、行政法规，执行国家金融方针和政策，执行金融企业财务准则和会计制度，依法接受各级政府及相关部门的监督管理，自主经营，自负盈亏，自我约束，自担风险，其合法的经营活动受法律保护，不受任何单位和个人的干涉。

第三节　小额贷款实务

一、小额贷款公司的成立步骤

（1）有试点意向的区（县）政府向市金融办递交试点申请书，阐明试点工作方案并承诺承担风险防范与处置责任。

（2）由区（县）政府对本区（县）符合相关条件及有申报意向的小额贷款公司主要发起人进行筛选。

（3）经筛选的小额贷款公司主要发起人向所在区（县）政府递交的小额贷款公司设立申请材料，区（县）政府完成预审后上报市金融办复审。小额贷款公司申请人凭市金融办批准批文，依法向工商行政管理部门办理登记手续并领取营业执照，并在5个工作日内向当地公安机关、银监局和人行分行报送相关资料。

二、小额贷款公司的成立条件

（1）有符合《中华人民共和国公司法》及各地区关于小

额贷款公司管理办法的章程。

（2）发起人或出资人应符合各地区小额贷款公司管理办法规定的条件。

（3）小额贷款公司组织形式为有限责任公司或股份有限公司。有限责任公司应由50名以下股东出资设立；股份有限公司应由2~200名发起人，其中须有半数以上的发起人在中国境内有住所。

（4）小额贷款公司的注册资本来源应真实合法，全部为实收货币资本，由出资人或发起人一次足额缴纳。有限责任公司的注册资本不得低于500万元，股份有限公司的注册资本不得低于1 000万元。单一自然人、企业法人、其他社会组织及其关联方持有的股份，不得超过小额贷款公司注册资本总额的10%。

（5）有符合任职资格条件的董事和高级管理人员。

（6）有具备相应专业知识和从业经验的工作人员。

（7）有必需的组织机构和管理制度。

（8）有符合要求的营业场所、安全防范措施和与业务有关的其他设施。

（9）省政府金融办规定的其他审慎性条件。

三、小额贷款的申请步骤

（1）申请受理。借款人将小额贷款申请提交给贷款行之后，由经办人员向借款人介绍小额贷款的申请条件、期限等，同时对借款人的条件、资格及申请材料进行初审。

（2）再审核。经办人员根据有关规定，采取合理的手段对客户所提交材料的真实性进行审核，评价申请人的还款能力和还款意愿。

（3）审批。由有权审批人根据客户的信用等级、经济情况、信用情况和保证情况，最终审批确定客户的综合授信额度和额度有效期。

(4) 发放。在落实了放款条件之后，客户根据用款需求，随时向贷款行申请支用额度。

(5) 贷后管理。贷款行按照贷款管理的有关规定对借款人的收入状况、贷款的使用情况等进行监督检查，检查结果要有书面记录，并归档保存。

(6) 贷款回收。根据借款合同约定的还款计划、还款日期，借款人在还款到期日时，及时足额偿还本息，至此小额贷款流程结束。

四、小额贷款公司利率

小额贷款公司贷款利率制定基准：①按照市场原则自主确定；②上限——放开，但不得超过同期银行贷款利率的 4 倍；③下限——人民银行公布的贷款基准利率的 0.9 倍。

五、小额贷款公司主要资金来源及经营的限制

(一) 主要资金来源

(1) 股东缴纳的资本金。

(2) 股东捐赠资金。

(3) 来自不超过两个银行业金融机构的融入资金。

(二) 主要资金来源及经营限制

(1) 不得进行任何形式的非法集资。

(2) 不得非法吸收或变相吸收公众存款。

(3) 不得发放高息贷款。

(4) 不得从工商企业获取资金。

(5) 不得向其股东发放贷款。

(6) 不得对外担保。

(7) 不得开展经营范围以外的业务。

(8) 不得在核定的县（市、区）行政区域外从事经营活动。

(9) 从银行业金融机构获得融入资金的余额，不得超过公司资本净额的50%。

(10) 融入资金的利率、期限由小额贷款公司与相应银行业金融机构自主协商确定，利率以同期“上海银行间同业拆放利率”为基准加点确定。

六、小额贷款公司控制和防范风险的措施

(1) 小额贷款公司应建立发起人承诺制度，公司股东应与小额贷款公司签订承诺书，承诺自觉遵守公司章程，参与管理并承担风险。

(2) 小额贷款公司应按照《公司法》的要求建立健全公司治理结构，明确股东、董事、监事和经理之间的权责关系，制定稳健有效的议事规则、决策程序和内审制度，提高公司治理的有效性。小额贷款公司应建立健全贷款管理制度，明确贷前调查、贷时审查和贷后检查业务流程和操作规范，切实加强贷款管理。小额贷款公司应加强内部控制，按照国家有关规定建立健全企业财务会计制度，真实记录和全面反映其业务活动和财务活动。

(3) 小额贷款公司应按照有关规定，建立审慎规范的资产分类制度和报备制度，准确进行资产分类，充分计提呆账准备金，确保资产损失准备充足率始终保持在100%以上，全面覆盖风险。

(4) 小额贷款公司应建立信息披露制度，按要求向公司股东、主管部门、向其提供融资的银行业金融机构、有关捐赠机构披露经中介机构审计的财务报表和年度业务经营情况、融资情况、重大事项等信息，必要时应向社会披露。

(5) 小额贷款公司应接受社会监督，不得进行任何形式

的非法集资。从事非法集资活动的，按照国务院有关规定，由省级人民政府负责处置。对于跨省份非法集资活动的处置，需要由处置非法集资部际联席会议协调的，可由省级人民政府请求处置非法集资部际联席会议协调处置。其他违反国家法律法规的行为，由当地主管部门依据有关法律法规实施处罚；构成犯罪的，依法追究刑事责任。

(6) 中国人民银行对小额贷款公司的利率、资金流向进行跟踪监测，并将小额贷款公司纳入信贷征信系统。小额贷款公司应定期向信贷征信系统提供借款人、贷款金额、贷款担保和贷款偿还等业务信息。

第六章　农产品期货

第一节　期货概述

一、期货的概念

在现货市场上，买卖双方一方交货，另一方付款，或通过谈判和签订合同达成交易。合同中可规定商品的质量、数量、价格和交货时间、地点等。期货交易是在现货交易基础上发展起来的、通过在期货交易所内成交标准化期货合约的一种新型交易方式。

期货合约是指由期货交易所统一制定的，规定在将来某一特定的时间和地点交割一定数量和质量实物商品或金融商品的标准化合约。所谓标准化合约，是指合约的数量、质量、交货时间和地点等都是既定的，唯一的变量是价格。广义的期货概念还包括了交易所交易的期权合约。

期货交易与现货交易有相同的地方，如都是一种交易方式、都是真正意义上的买卖、涉及商品所有权的转移等。不同的地方有以下几点。

1. 买卖的直接对象不同

现货交易买卖的直接对象是商品本身，有样品、有实物、看货定价。而期货交易买卖的直接对象是期货合约，是买进或卖出多少手或多少张期货合约。

2. 交易目的不同

现货交易是一手钱、一手货的交易，马上或一定时期内进行实物交收和货款结算。期货交易的目的不是到期获得实物，而是通过套期保值回避价格风险或投资获利。

3. 交易方式不同

现货交易一般是一对一谈判签订合同，具体内容由双方商定，签订合同之后不能兑现，就要诉诸法律。期货交易是以公开、公平竞争的方式进行交易。一对一谈判交易（或称私下对冲）被视为违法行为。

4. 交易场所不同

现货交易一般分散进行，如粮油、日用工业品、生产资料都是由贸易公司、生产厂商、消费厂家分散进行交易的，只有一些生鲜和个别农副产品是以批发市场的形式来进行集中交易。但是，期货交易必须在交易所内依照法规进行公开、集中交易，不能进行场外交易。

5. 保障制度不同

现货交易有《中华人民共和国合同法》等法律保护，合同不兑现即毁约时，要用法律或仲裁的方式解决。

期货交易除了国家的法律和行业、交易所规则之外，主要是以保证金制度为保障，以保证到期兑现。

6. 商品范围不同

现货交易的品种是一切进入流通环节的商品。而期货交易的品种是有限的，主要是农产品、石油、金属商品及一些初级原材料和金融产品。

7. 结算方式不同

现货交易是货到款清，无论时间多长，都是一次或数次结清。期货交易由于实行保证金制度，必须每日结算盈亏，实行逐日盯市制度。结算价格是以成交价为依据计算的。

二、期货的类型

目前，国内期货可以大致分为两大类，即商品期货和金融期货，见下表。

表 期货的分类

期货	商品期货	农产品期货
		金属期货（基础金属期货、贵金属期货）
		能源期货
	金融期货	外汇期货
		利率期货（中长期债券期货、短期利率期货）
		股指期货

（一）商品期货

商品期货是指标的物为实物商品的期货合约。商品期货历史悠久，种类繁多，主要包括农副产品、金属产品、能源产品等几大类。具体而言，农副产品 20 种，包括玉米、大豆、小麦、稻谷、燕麦、大麦、黑麦、猪肚、活猪、活牛、小牛、大豆粉、大豆油、可可、咖啡、棉花、羊毛、糖、橙汁、菜籽油，其中大豆、玉米、小麦被称为三大农产品期货；金属产品 9 种，包括金、银、铜、铝、铅、锌、镍、钯、铂；化工产品 5 种，有原油、取暖用油、无铅普通汽油、丙烷、天然橡胶；林业产品 2 种，有木材、夹板。

各国交易的商品期货的品种也不完全相同，这与各国的市场情况直接相关。例如，美国市场进行火鸡的期货交易，日本市场则开发了茧丝、生丝、干茧等品种。除了美国、日本等主要发达国家以外，欧洲、美洲、亚洲的一些国家也先后设立了商品期货交易所。这些国家的期货商品，主要是本国生产并在世界市场上占有重要地位的商品。例如，新加坡和马来西亚主要交易橡胶期货；菲律宾交易椰干期货；巴基斯坦、印度交易棉花期货；加拿大主要交易小麦、玉米期货；澳大利亚主要交易生牛、羊毛期货；巴西主要交易咖啡、可可、棉花期货。

现在的中国期货市场起步于20世纪90年代初，目前上市的商品期货有农产品、有色金属、化工建材等30多个品种，可以上市交易的期货商品有以下几类。

（1）上海期货交易所。铜、铝、天然橡胶、燃料油和锌。

（2）大连商品交易所。大豆、豆粕、玉米、豆油。

（3）郑州商品交易所。小麦、绿豆、菜籽油、棉花、白砂糖、PTA。

目前，市场上交易比较活跃的上市品种主要有铜、铝、大豆、小麦等。

（二）金融期货

金融期货指以金融工具为标的物的期货合约。金融期货作为期货交易中的一种，具有期货交易的一般特点，但与商品期货相比较，其合约标的物不是实物商品，而是传统的金融商品，如证券、货币、汇率、利率等。金融期货交易产生于20世纪70年代的美国市场。1972年，美国芝加哥商业交易所的国际货币市场开始国际货币的期货交易，1975年芝加哥商业交易所开展房地产抵押券的期货交易，标志着金融期货交易的开始。现在，芝加哥商业交易所、纽约期货交易所和纽约商品交易所等都进行各种金融工具的期货交易，货币、利率、股票指数等都被作为期货交易的对象。目前，金融期货交易在许多方面已经走在商品期货交易的前面，占整个期货市场交易量的80%以上，成为西方金融创新成功的例证。

与金融相关联的期货合约品种很多。目前已经开发出来的品种主要有三大类。

（1）利率期货。指以利率为标的物的期货合约。世界上最先推出利率期货的是于1975年由美国芝加哥商业交易所推出的美国国民抵押协会的抵押证期货。利率期货主要包括以长期国债为标的物的长期利率期货和以三个月短期存款利率为标的物的短期利率期货。

（2）货币期货。指以汇率为标的物的期货合约。货币期货是适应各国从事对外贸易和金融业务的需要而产生的，目的是借此规避汇率风险。1972年，美国芝加哥商业交易所的国际货币市场推出第一张货币期货合约并获得成功。之后，英国、澳大利亚等国相继建立货币期货的交易市场，货币期货交易成为一种世界性的交易品种。目前，国际上货币期货合约交易所涉及的货币主要有英镑、美元、日元、加拿大元、澳大利亚元以及欧洲货币单位等。

（3）股票指数期货。指以股票指数为标的物的期货合约。股票指数期货是目前金融期货市场最热门和发展最快的期货交易。股票指数期货不涉及股票本身的交割，其价格根据指数计算，合约以现金清算形式进行交割。

三、期货的交易

期货交易的全过程可以概括为开仓、持仓、平仓或实物交割。

（一）开仓

开仓是指交易者新买入或新卖出一定数量的期货合约。例如，投资者可卖出10手大豆期货合约，当这笔交易是投资者的第一次买卖时，就被称为开仓交易。在期货市场上，买入或卖出一份期货合约相当于签署了一份远期交割合同。

（二）持仓

开仓之后尚没有平仓的合约，叫未平仓合约或者平仓头寸，也叫持仓。开仓时，买入期货合约后所持有的头寸叫多头头寸，简称多头；卖出期货合约后所持有的头寸叫空头头寸，简称空头。

（三）平仓或实物交割

交易者开仓之后可以选择两种方式了结期货合约：要么择机平仓，要么保留至最后交易日并进行实物交割。如果交易者将这份期货合约保留到最后交易日结束，他就必须通过实物交割来了结这笔期货交易，然而，进行实物交割的是少数。大约99%的市场参与者都在最后交易日结束之前择机将头入的期货合约卖出，或将卖出的期货合约买回，即通过笔数相等、方向相反的期货交易来对冲原有的期货合约，以此了结期货交易，解除到期进行实物交割的义务。举例而言，如果投资者卖出大豆 2013 年 5 月合约 10 手，那么，在 2013 年 5 月到期前，投资者应买进 10 手同一个合约来对冲平仓，这样，一开一平，一个交易过程就结束了。如同财务做账时，同一笔资金进出一次，账就做平了。这种买回已卖出合约，或卖出已买入合约的行为就叫平仓。

四、期货市场

（一）期货市场的特征

1. 合约标准化

期货合约是标准化的合约。这种标准化是指进行期货交易的商品的品级、数量、质量等都是预先规定好的，只有价格是变动的。这大大简化了交易手续，降低了交易成本，最大限度地减少了交易双方因对合约条款理解不同而产生的争议与纠纷。

2. 交易集中化

期货交易必须是在期货交易所内进行的。那些处在场外的广大客户若想参与期货交易，只能委托期货经纪公司代理交易。

3. 双向交易和对冲机制

期货交易可以双向操作，简便而灵活。交纳保证金后即可买进或卖出合约。绝大多数交易可以通过反向对冲操作解除履约责任。

4. 保证金制度

高信用特征集中表现为期货交易的保证金制度。在期货市场上，交纳5%~15%的履约保证金就能完成数倍乃至数十倍的合约交易。保证金制度的实施，一方面使期货交易具有“以小博大”的杠杆原理，吸引众多交易者参与，另一方面为交易所内达成并经结算后的交易提供履约担保，确保交易者能够履约。

5. 每日无负债结算制度

为了有效地控制期货市场的风险，普遍采用以保证金制度为基础的每日无负债结算制度。

（二）期货市场的功能

1. 回避风险

期货市场最突出的功能就是为生产经营者提供回避价格风险的手段，即生产经营者通过在期货市场上进行套期保值业务来回避现货交易中价格波动带来的风险，锁定生产经营成本，实现预期利润。也就是说，期货市场弥补了现货市场的不足。

2. 发现价格

在市场经济条件下，价格是根据市场供求状况形成的。期货市场上来自四面八方的交易者带来了大量的供求信息，标准化合约的转让又增加了市场的流动性，期货市场中形成的价格能真实地反映供求状况，同时又为现货市场提供了参考价格，起到了“发现价格”的功能。

3. 稳定市场

首先，期货市场上交易的是在未来一定时期履约的期货合约。它能在一个生产周期开始之前，就使商品的买卖双方根据期货价格预期商品未来的供求状况，指导商品的生产和需求，起到稳定供求的作用。其次，由于投机者的介入和期货合约的多次转让，使买卖双方应承担的价格风险平均分散到参与交易的众多交易者身上，减少了价格变动的幅度和每个交易者承担的风险。

4. 节约成本

期货市场为交易者提供了一个安全、准确、有信用的交易场所，不会发生“三角债”等信用危机，有助于市场经济的建立和完善。

5. 投资理财

期货市场是一个重要的投资市场，有助于合理利用社会闲置资金。

第二节　我国农产品期货市场

一、我国农产品期货市场的功能

经过几十年的发展，我国的农产品期货市场有了显著发展，这也加快了我国农业现代化的步伐。其功能主要体现在以下几个方面。

（一）有效预测价格趋势，规避蛛网困境

农产品市场具有培育周期长，价格发现滞后的特点，因此农产品市场很容易陷入蛛网困境中。农产品期货市场的出现，有效地解决了这个困境，期货价格是在一个自由、公开、公平

的环境下进行竞价，所以更真实，也更具有前瞻性，而且期货价格与未来时期的现货价格走势基本一致。因此，利用期货市场的价格发现机制，即通过分析商品期货合约未来的价格趋势及均衡价格得到现货市场农产品的预期成交价，使农民预知农产品的价格趋势，从而更好地避免陷入“蛛网困境”的被动局面。

（二）调节农产品市场，引导我国农业种植结构的调整

在市场经济条件下，农产品的生产也是借助有效的价格信号和市场手段来进行的。农产品期货市场上供求信息集中、流通自由，而且有各方投资和预测专家的参与，这使得农产品期货价格成为未来市场最具代表性和权威性的信号，农民就可以依据对市场走向的分析来制定未来的种植和生产方案。这样，农产品期货价格就成为调整农产品种植结构的重要依据之一。例如，大连期货交易所的大豆期货交易品种是标准化的优质大豆，其市场价格与普通的混合大豆价格有很大差距，这就激励农民去种植优质大豆。近几年，我国辽宁省、黑龙江省等区域，大力推广种植优质大豆，大豆种植业有了很大发展。

（三）促进粮食流通体制改革

作为一个农业大国，过去几年中，按照旧有的粮食流通体制，我国每年都要投入大量的资金去收购、储藏高达千亿千克的粮食，巨额的资金投入给国家财政带来了巨大负担。据调查，粮食风险基金和超额补贴已占我国财政农业补贴的1/3以上。加之国际农产品市场上优质低价粮食对我国粮食生产的冲击，改革旧有的粮食流通体制已迫在眉睫。通过农产品期货市场的发展，我国粮储部门积极利用农产品期货市场的机制，在农产品期货市场上进行储备粮调换，从而促进了粮食流通体制改革。如今，一些粮储部门可通过在期货市场上卖出陈粮期货合约，同时买入新粮期货合约，进行实物交割和套期保值。这样就避免了旧有粮食流通体制中经常会出现的财政资金运用紧张、粮食储存超期和陈化的现象。

二、我国农产品期货交易所

（一）郑州商品交易所

郑州商品交易所（以下简称郑商所）成立于1990年10月12日，是经国务院批准成立的国内首家期货市场试点单位，在现货交易成功运行3年以后，于1993年5月28日正式推出期货交易。1998年8月，郑商所被国务院确定为全国三家期货交易所之一，隶属于中国证券监督管理委员会垂直管理。

郑商所是为期货合约集中竞价交易提供场所、设施及相关服务，并履行《期货交易管理暂行条例》和《期货交易所管理办法》规定职能，不以营利为目的，按照《郑州商品交易所章程》实行自律性管理的法人。

（二）大连商品交易所

大连商品交易所（以下简称大商所）成立于1993年2月28日，是经国务院批准并由中国证监会监督管理的四家期货交易所之一，也是中国东北地区唯一一家期货交易所。成立20年以来，大商所规范运营、稳步发展，已经成为我国重要的期货交易中心。

第七章　理财与投资

第一节　如何理财

俗话说：你不理财，财不理你。所谓理财，有两方面的意义。一是“理”，二是“财”。理财，实际就是对自己的财产，进行合理的打理，以使之保值、增值的过程。

当今社会，理财手段日新月异，我们可以全面评价自己的财力和风险承受能力，然后选择适合的投资品种进行理财。下面是一些常见的投资渠道。

1. 储蓄存款：安全稳妥

储蓄存款最大的特点是安全，收益稳定，流动性强，在您需要的时候立刻变现，不足之处是利率较低。目前，储蓄存款在我国居民家庭投资理财组合中始终占有较大比重，这一方面是因为我国正处于改革转型期，居民多有备用储蓄；另一方面也是因为我国投资渠道还比较狭窄。

2. 股票投资：当心风险

股票虽然收益有时候远远高于债券，但风险也远比债券要大。尤其是我国股票市场还不够成熟，波动性较大，更加剧了投资股票的风险。所以，最好不要把全部资金都投入股市，借款炒股风险就更大了。

3. 购买保险：保值防灾

购买保险有防范风险、保值增值的双重功能。传统的储蓄型险种获利性、流动性都较差，近年来保险公司又推出了一些投资类保险，在提供保障的同时，提高了投资收益，但也增加了风险。

4. 投资基金：专家理财

基金风险较股票小，您可以通过购买基金实现原来实现不了的投资组合，使风险和收益有较好的结合。

也许您会问，既然存钱利息低，其他基金、股票等又有风险，那么这些“财”，“理”和“不理”还不都是一样的？其实，理财有几个小定律，能够帮您设计科学家庭理财方式，避免您走入误区。

（1）4321 定律。人们在长期的理财规划中总结出一个一般化的规则，也就是所谓的“4321 定律”，这个定律主要针对收入较高的家庭。因为这些家庭比较合理的支出比例是：40%的收入用于买房或股票、基金方面的投资；30%用于家庭生活开支；20%用于银行存款，以备不时之需；10%用于保险。按照这个小定律来安排资产，既可满足家庭生活的日常需要，又可以通过投资保值增值，还能够为家庭提供基本的保险保障。

（2）72 定律。这个定律的意思是说，如果您存了一笔款，利率是（不考虑征收利息税），每年的利息不取出来，利滚利（复利计算），那么经过“72/×”年后，本金和利息之和就会翻一番。例如，如果现在存入银行 10 万元，假设利率是每年 2%，每年利滚利，36（72/2）年后，银行存款总额就会变成 20 万元。

（3）双十定律。这个定律是针对家庭保险而言的。家庭保险可以为您提供基本保障，防止家庭经济因突然事故而遭到重大破坏。但是应该花多少钱买保险，买多少额度的保险才合适呢。“双十保险”告诉我们，家庭保险设定的合理额度应该是家庭年收入的 10 倍，年保费支出应该是年家庭收入的 10%。例如，您的家庭年收入有 5 万元，那么总保险额度应该是 50

万元，年保费支出就应该为5 000元。

以上这些小定律都是人们生活经验的总结，不是每个人都适用的，在生活中，还是要根据您的实际情况来灵活运用。

第二节 关于投资

投资是指牺牲或放弃现在可用于消费的价值以获取未来更大价值的一种经济活动。投资活动主体与范畴非常广泛，但在本书中所描述的投资主要是家庭投资，或叫个人投资。例如，若您有 500 元闲钱，可以拿来帮孩子买几件衣服，可以请一帮朋友到家里来聚餐；也可以存入银行，5 年后可获得利息，或者买入股票或基金，等待分红或涨升，或者从古玩市场买入字画，等待增值。前面的情况就是花掉金钱（价值），获得消费与全家的享受；后面的情况则是放弃现在的消费，以获得以后更多的金钱，这就是投资。

一、股票

股票是有价证券的一种形式，它是由股份公司发给投资者作为入股的凭证。持有者有权分享公司的利益，同时也要承担公司的责任和风险。如果您认购了股票，那么就不能再要求退股，抽回自己的投资。但可在股市上进行交易。

依不同的标准和方法，股票主要分为下列几类：一是按是否记名划分，可分为有记名股票和不记名股票；二是按有无面额划分，可分为有面额股票和无面额股票；三是按股东享有的权利划分，可分为普通股股票和优先股股票；四是按持股票主体划分，可分为 A 股和 B 股。A 股即人民币普通股票，它是由我国境内的公司发行，供境内机构、组织或个人（不含港、澳、台地区投资者）以人民币认购和交易的普通股股票；B 股也称人民币特种股票，是指那些在中国大陆注册、在中国大陆上市，以人民币标明面值，能以外币认购和交易的特种股票。

任何人只要有钱，都可以经股票市场买进股票，成为上市公司的股东。股票市场的交易，是由于众多买进投资人及卖出投资人的供需关系所决定的。这种供需关系所决定的股票行情，可视为当时的均衡价格，也就是买卖双方都认为合理的价格。事实上，当时的均衡价格随时会有变动，随时会有另一新的均衡价格出现，所以通过市场买卖股票必须谨慎分析研究判断，才能减少风险，增加利润。

股票种类不同，其股息收益也不同，优先股的股息是固定的，而普通股的股息率通常是不固定的，股份公司在支付了优先股的股息以后，再根据普通股的股息率，支付普通股股息。这样一来，如果公司经营不好，普通股可能完全分不到或只能分到很少的股息。

二、基金

（一）基金的定义

证券投资基金是一种利益共享、风险共担的集合证券投资方式，即通过发行基金单位，集中投资者的资金，由基金托管人托管，由基金管理人管理和运用资金，从事股票、债券等金融工具投资，以获得投资收益和资本增值。

（二）选择投资基金的方法

1. 选择基金品种

如果您偏好高收益，风险承受能力也很强，可以考虑以股票或股票指数为主要投资对象的基金，在股市走牛时，股票基金或股票指数基金往往有出色的表现。如果您追求稳妥，可以考虑低风险的保本基金或货币市场基金。在股市走熊时，债券型基金也是一个不错的避风港。它能保证实现相对稳定的收益。如果您对流动性有所偏好，货币市场基金是您的理想选择，它能迅速变现，风险低，收益也超过同期银行活期储蓄利率。

2. 选择基金经理

一般人不好判断基金经理的投资管理能力，一个比较省事的办法是直接参照他过去的业绩。在基金行业，人员流动性很强，买入基金后，您还要留意基金经理的变更。

3. 选择基金管理公司

好公司更容易出好产品，基金行业也不例外。买基金，应当优先考虑优质基金管理公司旗下的基金产品。怎么衡量基金公司的优劣呢？主要看公司过去的业绩、内部管理机制、研究水平、客户服务。由于基金行业人员流动频繁，在衡量基金管理公司的优劣时，应着重看它的投资管理部门和研究部门的水平。

4. 参考一些中介机构的基金评级报告

投资者个人很难对基金有全面透彻的了解，一种简便的途径是参考权威机构的基金评级报告，这些报告对基金产品的综合表现及可投资性进行排名，您可以直接拿它们的结论作参考。

（三）投资基金的风险

1. 买基金时，无法准确知道买价

购买别的产品时，您一般都知道价格，能够自主决定购买数量。购买基金则不然，您只知道一共要出多少钱，但无法知道购买的价格和数量。按照规定，基金单位交易价格取决于申购当日的单位基金资产净值，而这一数值要到当日收市之后才能计算出来。所以您购买基金时，只能参照以前交易日的基金单位资产净值。

2. 买了基金后，难以预知基金表现

您很难准确了解基金经理们的能力，即使他们能力很强，过去业绩也不错，也不能完全保证基金以后的业绩。因为基金作为投资工具，本身还面临着市场、利率、违约等外在的风险。

3. 基金赎回时，无法准确知道卖价

基金的赎回价格也取决于赎回当日的单位基金净值，您无法提前准确知道这一数值。在任何一个交易日，赎回与申购可以同时进行，两者相抵，可以得到净赎回（一个交易日里赎回基金单位数量与申购基金单位数量的差），如果净赎回超过基金总份额的 10%，人们将这种情形称为巨额赎回。按照规定，基金管理人可以对超出的那一部分赎回申请延期至下一个交易日办理，并根据这一日的基金净值计算赎回金额，如果基金净值在一个交易日里下跌，您就可能会遭受损失。

由于这些不确定性的存在，您投资基金也就面临着相应的风险。当然，也不必太担心，只要慎重选择，做好决策，是可以防范部分风险的。

三、债券

（一）债券的定义

债券是政府、金融机构、工商企业等机构直接向社会借债筹措资金时，向投资者发行，承诺按一定利率支付利息并按约定条件偿还本金的债权债务凭证。债券的本质是债的证明书，具有法律效力。债券购买者与发行者之间是一种债权债务关系，债券发行人即债务人，投资者（或债券持有人）即债权人。

由于债券的利息通常是事先确定的，所以，债券又被称为固定利息证券。

（二）债券的特征

1. 偿还性

债券一般都规定有偿还期限，发行人必须按约定条件偿还本金并支付利息。

2. 流通性

债券一般都可以在流通市场上自由转让。

3. 安全性

与股票相比，债券通常规定有固定的利率，与企业绩效没有直接联系，收益比较稳定，风险较小。此外，在企业破产时，债券持有者享有优先于股票持有者对企业剩余资产的索取权。

4. 收益性

债券的收益性主要表现在两个方面：一是投资债券可以给投资者定期或不定期地带来利息收入；二是投资者可以利用债券价格的变动，买卖债券赚取差额。

（三）债券的收益率计算

人们投资债券时，最关心的就是债券收益有多少。

决定债券收益率的主要因素，有债券的票面利率、期限、面值和购买价格。

最基本的债券收益率计算公式为：

债券收益率（%）＝（到期本息和－发行价格）÷（发行价格×偿还期限）×100

由于债券持有人可能在债券偿还期内转让债券，因此，债券的收益率还可以分为债券出售者的收益率、债券购买者的收益率和债券持有期间的收益率。

（四）投资债券的风险

债券虽然不像股票市场那样波动频繁，但它也有自身的一些风险。

1. 违约风险

发行债券的债务人可能违背先前的约定，不按时偿还全部本息。这种风险多来自企业，由于没有实现预期的收益，拿不出足够的钱来偿还本息。不过，对于国债而言，违约风险非常低，故国债有“金边债券”之称。

2. 利率风险

由于约定的债券票面利率不同，债券发行时通常会出现折扣或者溢价，人们在购买债券时，通常是按照债券的实际价格（折扣或者溢价）而不是债券的票面价格来出价的。有些债券可在市场上流通，所以能够选择适当时机买进卖出，获取差价。而这些债券的市场价格是不断变动着的，利率发生变动，债券的价格也会跟着发生变动。在一般情况下，利率上调，债券价格就下降，而利率下调，债券价格就上升。

3. 通货膨胀风险

例如，您买了一种三年期的债券，年利率是3%，但这三年里每年的通货膨胀率都达到5%，投资这种债券就很划不来。所有固定利率债券，都存在这种风险。

除了上面这三种常见的风险外，债券还有其他一些风险，如赎回风险、流动性风险等。每种风险都有自己的特性，投资者要采取相应的防范措施。

第八章　农业金融保险

农业风险是在农业生产经营过程中遭受到因洪涝、干旱、疫病等灾害导致的财产损失、人身伤亡或者其他经济损失等风险损失的不确定性。根据风险产生的原因，通常农业风险可以分为自然风险、疫病风险、市场风险、政策风险、社会风险五大类。面对农业风险，主要防范措施有预防、灾后减损措施和投保农业保险。

农业保险是由保险经营机构经营，专门对农业生产者在从事农业生产过程中因遭受约定的自然灾害、意外事故和疫病所造成的经济损失承担赔偿保险金责任的保险。根据农业生产对象来分，农业保险可以分为种植业保险、养殖业保险、渔业保险和森林保险四大类；根据保障程度来分，则可以分为成本保险、产量保险和产值保险；根据是否享受扶持政策来分，农业保险又可以分为政策性农业保险和商业性农业保险。其中，政策性农业保险享受国家扶持政策，是指以保险公司市场化经营为依托，政府通过保费补贴等政策扶持，对种植业、养殖业等因遭受自然灾害和意外事故造成的经济损失提供的直接物化成本保险。目前，中央政策性农业保险范围涵盖了种植业保险、养殖业保险、森林保险三大类15个品种，分别为玉米、水稻、小麦、棉花、马铃薯、油料作物、糖料作物、青稞，能繁母猪、奶牛、育肥猪、藏系羊和牦牛，天然橡胶、森林。

农业保险理赔是指农业保险标发生保险事故而使被保险人财产受到损失或人身安全受到损害时，或保单约定的其他保险事故出险而需要给付保险金时，保险公司根据合同规定，履行赔偿或给付责任的行为。农业理赔程序包括报案、查勘定损、立案、理赔公示、核赔、赔款支付6个步骤。

第一节 防范农业风险

农业是受灾害影响比较大的产业，一旦遇到灾害，直接影响农民生产经营的收益，老百姓通常也将农业称作“靠天吃饭”的行业。如何去认识、防范、转嫁农业风险成为促进农业健康持续发展的重要课题。农业保险作为现代农业发展的重要支柱，是帮助农民特别是专业大户、农民合作社、家庭农场等新型农业经营主体转嫁农业风险、减少灾后损失的重要手段。本节我们会认清农业风险的特点和危害，正确认识农业保险在农业生产经营中的作用，了解政策性农业保险出台的背景、承保品种、覆盖范围。

【案例】

政策性农业保险给农民“保本”

2014年7月14日，一场突如其来的冰雹袭击了山东历城、章丘等地，刚长的玉米被砸得一片狼藉。“减产是肯定的了，但我们买了农业保险，保本不成问题。”面对这场“天灾”，农户老张虽然一筹莫展，但却有些庆幸，因为他年初就给自己的玉米地买了政策性农业保险，一旦遭受自然灾害和意外事故，保险公司将进行赔付，起码种子、肥料等成本钱不会白费。除此之外，农业专家还会在第一时间对受灾农户进行技术指导，帮他们弥补损失。

农业政策性保险给农户带来实实在在的好处，农户不但不用担心遇到自然灾害后会亏本，受灾后还能享受专家手把手的指导。截至2014年7月，章丘市已有90%多的农户投了保。收入微薄的农户最关心的就是保费。目前政策性农业保险所规定的小麦、玉米、棉花等农作物保费政府按照80%的比例给予补贴，其余20%由农户自担，保险责任涵盖了雹灾、风灾等自然灾害以及大流行性病虫害。

另外，政策性农业保险赔付十分方便、快捷。受灾后，村里将受灾情况上报给保险公司，保险公司通知农业、气象等部门，组成核损理赔专家组，对受灾面积、受灾情况进行查看、核损。与此同时，农业专家第一时间来到受灾现场进行灾后补救指导。收获后，专家组再进行测产，根据受损实际情况进行赔付。理赔时间均在收获期后1个月之内：小麦最迟8月底、玉米最迟11月底、棉花最迟12月20日前。理赔资金通过一卡通账户直接支付给受灾农户，不得跨年度赔付。2013年全市政策性农业保险共投保2 950万元，而保险公司的赔付却高达7 250万元，切实保障了受损农户的基本利益。

【思考】

1. 农业保险在农业生产经营中都发挥了哪些作用？

2. 您所在的地区都有哪些农业保险？

农业是易受灾害影响较大的产业，其生产经营过程在很大程度上都受外部环境和条件变化影响，并且这种影响具有不可预测性，直接影响农业的生产效率和农民的收益。作为农业生产经营者，要想不再“因灾致贫、因灾返贫”，就要明白农业生产经营中面临的风险以及化解这些风险的防范措施，了解目前国家政策性农业保险承包的品种以及我可以选择的农业保险。因此，对农民而言，了解农业风险、熟悉保险政策是发家致富奔小康的有效保障。

一、农业风险及其防范

1. 农业风险的含义

农业风险是在农业生产经营过程中遭受到因洪涝、干旱、疫病等灾害导致的财产损失、人身伤亡或者其他经济损失等风险损失的不确定性。这种不确定性是否会发生、什么时候发生、发生所造成的损失程度都是难以预测的，即便是可以预测也是人力所无法抗拒的。

【小常识】

影响我国不同地区的主要风险

- 东部　台风、旱灾、雨涝、病害
- 中部　旱灾、雨涝、病害、洪水
- 西部　旱灾、病害、洪水、冰雹

我国是一个农业自然灾害频发的国家，不同的区域面临的灾害状况也各不相同。总体来说，我国的农业风险主要具有种类多、范围广、区域性、季节性、风险相对集中、损失相对严重等特点。

对于农业而言，不仅风险种类远远高于工业和服务业，而且由于自身的弱质性和生产过程的特殊性，对灾害的抵抗能力较弱，面临的风险损失程度也远远高于工业和服务业，是典型的风险产业。

2. 农业风险的分类

（1）自然风险。指刮风下雨、旱涝冰雹、低温寡照等自然因素异常造成的灾害损失。这类损失轻则减产降质，重则颗粒无收。

（2）疫病风险。是指动植物由于遭受疾病而造成的损失，特别是养殖业的疫病风险危害性更大。

（3）市场风险。是指经济环境变化带来的农业风险，如农产品价格波动、生产资料价格上涨、利率变化、进出口贸易形势变化等。

（4）政策风险。是指由国家农业政策变化所造成的风险。如价格支持政策、产业支持政策、土地政策的变动都会给农业生产经营带来不确定性。

（5）社会风险。是指由社会条件异常带来的风险，主要包括行为风险和技术风险。

3. 农业风险的防范措施

（1）预防。针对可能引发灾害损失的风险，事前积极采取喷洒农药、注射疫苗、定期消毒等相应措施来规避或者降低损失。

（2）灾后减损措施。在发生灾害后，积极采取补救措施，开展灾后生产，争取将灾害损失降低到最小。

（3）投保农业保险。农业保险是农业生产的保护伞，通过事前投保农业保险，一旦遇到灾害损失，就可以从保险经办机构获得一部分损失补偿，有利于及时恢复农业生产。

二、农业保险政策的出台

农业保险是由保险经营机构经营，专门对农业生产者在从事农业生产过程中因遭受约定的自然灾害、意外事故和疫病所造成的经济损失承担赔偿保险金责任的保险。根据农业生产对象来分，农业保险可以分为种植业保险、养殖业保险、渔业保险和森林保险四大类；根据保障程度来分，可以分为成本保险、产量保险和产值保险；根据是否享受扶持政策来分，可以分为政策性农业保险和商业性农业保险。其中，政策性农业保险享受国家扶持政策，是指以保险公司市场化经营为依托，政府通过保费补贴等政策扶持，对种植业、养殖业等因遭受自然灾害和意外事故造成的经济损失提供的直接物化成本保险。

1. 出台背景

为积极支持解决“三农”问题，完善农村金融服务体系，构建市场化的生产风险保障体系，提高农业灾后恢复生产的能力，增强农业经济的稳定性，2007 年，中央财政选择吉林、内蒙古自治区、新疆维吾尔自治区等 6 个省、自治区对玉米、水稻、大豆、棉花、小麦、能繁母猪等品种开展农业保险保费补贴试点，拉开了政策性农业保险的序幕。此后，中央财政不断增加保费补贴品种，扩大保费补贴区域，推动农业保险持续快速发展，农业保险保费补贴已经成为国家支持和保护农业发展的重要手段。2014年，农业保险实现保费收入325.7亿元，提供风险保障1.66万亿元，参保农户2.47亿户次，承保主要农作物面积突破11亿亩。

2. 政策性农业保险的品种及实施范围

随着农业保险保费补贴政策的不断完善，中央财政对政策性农业保险支持力度不断加大，补贴品种不断增多，覆盖区域不断扩大。

（1）政策性农业保险品种。目前，中央政策性农业保险范围涵盖了种植业保险、养殖业保险、森林保险三大类15个品种，分别为玉米、水稻、小麦、棉花、马铃薯、油料作物、糖料作物、青稞，能繁母猪、奶牛、育肥猪、藏系羊和牦牛，天然橡胶、森林。

（2）政策性农业保险实施范围。①种植业保险：覆盖到全国31个省、自治区、直辖市以及新疆生产建设兵团、中央直属垦区、中储粮北方公司、中国农业发展集团公司；②养殖业保险：覆盖全国31个省、自治区、直辖市以及新疆生产建设兵团；③森林保险：江西、湖南、福建、浙江、辽宁、云南、广东、四川、广西壮族自治区、山西、内蒙古自治区、吉林、甘肃、青海、大连、宁波、青岛和大兴安岭林业集团公司；④天然橡胶保险：海南省。

3. 政策性农业保险的保费补贴标准

政策性农业保险的保费主要由中央、省级、市（县）级财政和农户共同分担。其中，农户自付的比例根据各地财政补贴力度不同而有所差异，而中央财政对政策性农业保险保费补贴的力度呈逐年加大趋势。具体补贴标准如下。

（1）种植业保险补贴标准。在省级财政至少补贴25%的基础上，中央财政对中西部地区的补贴比例为40%，对东部地区的补贴比例为35%，对新疆生产建设兵团、中央直属垦区、中储粮北方公司、中国农业发展集团有限公司（以下简称中央单位）的补贴比例为65%。

（2）养殖业保险补贴标准。对于能繁母猪、奶牛、育肥猪保险，在地方财政至少补贴30%的基础上，中央财政对中西部地区的补贴比例为50%，对东部地区的补贴比例为40%，对中央单位的补贴比例为80%。

（3）森林保险补贴标准。一是公益林保险补助。在地方财政至少补贴40%的基础上，中央财政补贴比例为50%，对大兴安岭林业集团公司的补贴比例为90%。二是商品林保险补助。在省级财政至少补贴25%的基础上，中央财政补贴比例为30%，对大兴安岭林业集团公司的补贴比例为55%。

（4）藏区品种保险补贴标准。在省级财政至少补贴25%的基础上，中央财政补贴比例为40%，对中国农业发展集团有限公司的补贴比例为65%。

4. 农业保险政策的功能

新时期，随着种养大户、农民合作社、家庭农场等新型农业经营主体的蓬勃兴起，土地流转速度日益加快，规模化经营程度越来愈高，农业风险也呈集聚态势，农业生产经营对农业保险转移分散风险、分摊经济损失的功能需求更加强烈。总体而言，实施农业保险政策主要有以下几个方面的重要功能。

（1）有利于减少灾害对农民生产生活的影响，稳定和保障农民收入，不断提高农民生活水平。

（2）有利于通过保险机制发挥财政支持政策的杠杆效应，使广大农民切实享受到国家惠农政策带来的效益。

（3）有利于扩大保险的覆盖面，激发农业保险产品创新，提高保险业服务农村经济社会发展的能力。

（4）有利于促进农村金融市场的培育和发展，增加金融支持农产品创新供给，为农村经济社会协调发展提供全面的金融服务。

【案例】

农业保险保单质押贷款

2013年以来，固镇县实行了农业保险保单质押贷款，农业规模经营主体可以一次性贷款百万元甚至千万元以上，解决了不少土地流转大户的资金问题。这一举措使农业保险成为现代农业发展的催化剂。截至2013年9月，该县金融机构通过农业保险保单质押方式，已累计向7户农业经营主体发放专项贷款7笔，贷款金额900多万元。

石湖乡种粮大户曹兴利2011年在石湖乡园林场流转了2 000多亩土地，由于土地都是流转经营，贷款没有实际抵押物，每年农产品销售前的资金“瓶颈”让曹兴利十分头疼。

2013年，开始试行政策性农业保险保单质押贷款。曹兴利抱着试一试的心态申请，很快他通过2 000亩农业保险单得到了150万元贷款。拿到贷款，曹兴利不仅把2 000亩玉米种下地，还种植了近百亩收益高的土豆和黄梨，作为银行与农户之间的纽带，固镇县国元农业保险公司经过完整的筛选流程，提供优质的效益较好的贷款户给银行，让银行免去贷款容易还款难的顾虑。

同样从农业保险保单质押贷款政策中受益的还有任桥镇绿色家园家庭农场的王汉。2014年年初，得知农业保险保单可以质押贷款后，王汉很快找到保险公司，保险公司的一站式办理让王汉半个月就拿到了150万元贷款。拿到贷款后，王汉很快建起了300亩设施大棚，种植精品西瓜、香瓜，比起常规种植，设施种植不仅风险低而且利润也高2~3倍。

【思考】

1. 农业保险都有哪些作用?

2. 您需要哪种农业保险?

第二节　农业保险运营

农业保险是农业生产经营的“稳定器”，是农民心中的“定心丸”。随着农业保险知识的普及，越来越多的农民特别是种养大户、家庭农场、合作社等新型农业经营主体对依靠农业保险化解农业风险的需求更为强烈。但如何选择适合自己的农业保险?该去哪家保险机构投保?发生灾害事故又该如何申请赔偿?不少农民还心存疑惑。本节我们会了解农业保险机构，熟悉农业保险投保和理赔程序。

【案例】

国内只有4家专业农业保险公司的格局即将被打破

中原农业保险股份有限公司于2014年9月10日获得保监会批筹。批复文件显示，中原农业保险由河南省农业综合开发公司、河南中原高速公路股份有限公司、河南省豫资城乡投资发展有限公司、洛阳城市发展投资集团有限公司、周口市综合投资有限公司、安阳经济开发集团有限公司等17家公司共同发起筹建，注册资本11亿元。

在此之前，国内有4家专业农业保险公司，分别为吉林的安华农业保险股份有限公司、黑龙江的阳光农业相互保险公司、安徽的国元农业保险股份有限公司和上海的安信农业保险股份有限公司。

河南作为农业大省，需要一家属于自己的农业保险法人机构。河南省的农业保险业务从2007年开展以来，已覆盖了全省18个地市108个县区。凡是享有中央财政补贴的包括种植业、养殖业以及林业在内的各个险种都已开展。不仅如此，河南省还有肉鸡和烟叶两个特有的险种。近几年的财政补贴政策是中央财政的40%，省财政的25%，市级财政的5%，县级财政的10%，剩下的20%由农户和养殖户缴纳。从2007年到2014年，全省实现保费收入40多亿元，呈逐年上升的发展态势。

【思考】

1. 目前经营农业保险的保险公司有哪些？

2. 哪些对象适合参加农业保险？

一、农业保险的经营机构

目前，经营农业保险的主要保险公司可以分为两类：一类是中国人民财产保险股份有限公司、中华联合保险控股股份有限公司、中国大地财产保险股份有限公司等综合性保险公司，农业保险品种较为丰富、覆盖范围较广；另一类是吉林的安华农业保险股份有限公司、黑龙江的阳光农业相互保险公司、安徽的国元农业保险股份有限公司、上海的安信农业保险股份有限公司等专业性农业保险公司，这些保险公司一般都是以所在省份为中心，辐射全国，开展农业保险经营。

二、农业保险的申办程序

如何选择农业保险？投保农业保险应当做哪些事前准备工作？如何进行投保？应当注意哪些问题？我们从农业保险投保前准备、投保流程、投保注意事项等方面进行详细解答。

1. 投保前的准备

在农业保险投保前，应与当地相关农业保险公司联系并充分沟通，了解相关农业保险信息，以此来选择适合自己生产经营需求的农业保险。

（1）当地经营农业保险的保险公司有哪些？各自都有哪

些农业保险品种？哪种险种适合自己的生产经营情况？

（2）所需的农业保险品种投保的条件是什么？相关保费是多少？保险金额是多少？承保的风险有哪些？理赔程序是什么？

（3）所需的农业保险品种是商业性保险还是政策性保险？若是政策性农业保险，则保险保费补贴是多少？补贴比例是多少以及相关的优惠措施是什么？

（4）农业保险条款的内容是什么？尤其要了解保险标的、免责条款、双方权利义务等重要信息。

2. 投保流程

第一步，投保人向保险公司提出投保申请，并填写保单；第二步，保险公司受理保单，并对投保人等资料进行查验，查验保险标的是否符合投保条件、保险标的实际情况是否与保单填写相符等信息，确定是否承保；第三步，等保险公司确定承保后，投保人缴纳保险费；第四步，保险公司出具保险单；第五步，投保人签收保险合同。

3. 投保注意事项

（1）应当选择正规农业保险经营机构或保险业务员办理保险合同，以免上当受骗。

（2）应当仔细阅读农业保险合同，存有疑问的地方一定要及时咨询。

（3）农业保险投保完成后，应妥善保管相关单据：保险单、缴费发票、附带农业条款以及相关部门出具的防疫、健康、死亡原因等证明。

（4）农业保险投保后，并不意味着所有灾害都能得到赔偿和所有的投入都能弥补，因此，仍然需要认真管理经营，积极采取有效措施防范风险。

三、农业保险的理赔程序小知识

农业保险理赔是指农业保险标的发生保险事故而使被保险人财产受到损失或人身生命受到损害时，或保单约定的其他保险事故出险而需要给付保险金时，保险公司根据合同规定，履行赔偿或给付责任的行为。

【小提示】

因被保险人故意或者重大过失未及时报案，导致保险事故的性质、原因、损失程度等难以确定，保险公司不承担赔偿责任，因此，及时报案十分重要。

1. 报案

一旦遇到灾害事故，投保农民应及时向保险公司客服或者通过村协保员、乡镇保险代理员向保险公司报案，同时保护好标的物和灾害事故现场。

2. 查勘定损

保险公司在接到投保农户报案后，应在 24 小时内组织相关人员进行现场查勘，因不可抗力或重大灾害等原因难以及时到达的，应及时与报案农户联系并说明原因。查勘结束后，保险公司应及时定损，并做到定损结果确定到户。

3. 立案

保险公司应在确认保险责任后，及时立案，并根据查勘定损情况及时调整估损金额。

4. 理赔公示

农业生产经营组织、村民委员会等组织农户投保种植业保险的，保险公司应将查勘定损结果、理赔结果在村级或农业生产经营组织公共区域进行不少于 3 天的公示。保险公司根据公示反馈结果制作分户理赔清单，列明被保险人姓名、身份证号、银行账号和赔款金额，由被保险人或其直系亲属签字确认。农户提出异议的，保险公司应进行调查核实后据实调整，并将结果反馈。

5. 核赔

保险公司对查勘报告、损失清单、查勘影像、公示材料等关键要素进行审核。

6. 赔款支付

保险公司应在与被保险人达成赔偿协议后 10 日内支付赔款。其中，农业保险合同对赔偿保险金的期限有约定的，保险公司应当按照约定履行赔偿保险金义务。

第九章　如何防范金融诈骗

金融诈骗活动是国际上普遍存在的现象，近年来，在我国也时有发生，而且手段越来越多，涉及金额越来越大。目前，金融诈骗在农村地区的主要表现有以下几种：贷款诈骗、存款诈骗、银行卡诈骗、非法集资与集资诈骗、其他的与金融有关的诈骗形式。

第一节　常见的金融诈骗形式

一、贷款诈骗

贷款诈骗是指以非法占有为目的，编造引进资金、项目等虚假理由，使用虚假的经济合同、虚假的证明文件、虚假的产权证明作担保，超出抵押物价值重复担保，或者以其他方法，诈骗银行或者其他金融机构的贷款行为。数额较大、情节严重的构成贷款诈骗罪。

【案例】

郑杰以尚青公司的名义，利用伪造的“深圳尚青模具有限公司”印章、法人证明书、法人授权委托证明书、董事会决议、财务会计报告、购销合同等一系列虚假材料，

向工商银行沙头角支行申请开出承兑汇票9笔，总额共计人民币6 500万元；未偿还的2笔，金额为人民币1 100万元；申请贷款3笔，金额为人民币1 000万元，全部未还。经法院

审理并判决：郑杰犯贷款诈骗罪，判处无期徒刑，剥夺政治权利终身，没收个人全部财产；郑杰诈骗银行的2 100万元人民币，继续追缴。

二、存款诈骗与防范措施

（一）存款诈骗

存款诈骗是指以非法占有为目的，采用伪造、变造，或者故意使用伪造、变造的存款存单等欺骗手段，骗取他人财物的行为。

【案例】

经营电器的个体户张三，与外地常来购货的供销员刘五相识半年，并结为“朋友”。刘五要购买2万元的货。货物装车后，刘五拿出一张某县农业银行的定期存单，存入时间是2015年12月26日，存款期限3年，金额为2.5万元，对张三说：“这张存单还有1个月到期，连本带利3万多元，现在将存单放在你这里作抵押，你再借给我5 000元现金，一个月后货款、借款我一起还。”张三一看存单的存入地点是相邻县的农业银行某储蓄所，心想有存单作抵押还怕他不还？于是就将5 000元现金借给了他。

一个月后，不见刘五踪影，张三乘车去存单所在地的那家储蓄所查实。想不到银行工作人员拿到存单后，却对张三进行了仔细盘查，原来这是一张伪造的存款单，这时张三才知道受了骗。

（二）防范措施

（1）到开户银行查实存单的真实性。

（2）办理止付冻结手续，并及时办理过户。

三、银行卡诈骗与常见的诈骗手法和防范措施

（一）银行卡诈骗

银行卡诈骗是指犯罪分子通过短信、黑客软件、“网络钓鱼”、假卡大宗购物以及在 ATM 上做手脚等行骗手段，非法将客户银行卡中的资金，转入自己的账户并据为己有的诈骗行为。

【案例】

2015 年 9 月的一天，工商银行徐汇长桥支行大堂经理小任在 24 小时自助银行进行日常巡视，发现一对 40 多岁的夫妇在 ATM 前，边打手机边操作。经过小任细心观察，他判断这对夫妇正在进行汇款操作，但同时又发现两个疑点：第一，客户操作自助设备全在手机通话指导下进行；第二，自助机器上的汇款画面是全英文的。小任上前询问，客户称公安机关打电话给他，说他的身份证及银行存款账户均已被他人盗用，且已造成透支，要他将存款集中转入警方的安全监控账户，以便警方破案。至此，小任已肯定这是一起汇款诈骗案，立即提醒客户，最终帮客户挽回了 10 万余元的损失。

【案例】

2015 年 11 月 20 日，一青年男子急急忙忙地来到建设银行新城支行内勤主管处，称有人打电话给他，让他进行电话转账。此情况立即引起了该行员工警觉，经仔细询问，客户称其刚在云南省购买一辆汽车并在昆明市办理上牌手续。当日，便有自称是昆明市税务局的工作人员打电话给他，称根据国家最新退税规定，可以退给他税款 4 983. 3元，款项已存入为其办理的中国银行借记卡内，卡号是 4563222555325×××，密码为 123456，让客户通过“01051661×××”客服热线，自行将该卡

卡内余额转入客户自己的借记卡内。该行员工当即向客户指出，银行办理个人银行结算账户，需要本人凭有效身份证件亲自办理，税务局不可能为其办理银行卡，而且办理退税等相关业务，也不是通过电话进行转账就能操作的。该行员工立即阻止客户输入卡号和密码。后经证实，该电话是诈骗电话。

（二）常见的银行卡诈骗手法

1. 短信诈骗

这种诈骗主要有两种形式：一种是中奖型，说持卡人中了大奖，让持卡人领奖前先缴税；另一种是消费型，说持卡人的银行卡在商场消费若干元，如有疑问回电咨询，然后套取卡内信息，将持卡人卡内的现金转走。

2. 盗取客户银行卡信息

个别不法分子运用高科技手段，破译网上银行加密技术，盗取客户银行卡的卡号、密码，然后克隆伪卡窃取存款。

3. 在互联网上设立假的金融机构网站，骗取银行卡卡号、密码

犯罪嫌疑人利用持卡人账户信息保护意识不强等弱点，套取持卡人银行卡信息，然后利用网上银行转账或消费，盗取银行卡资金。

4. 在ATM上做手脚

如在ATM上张贴紧急通知、公告（如温馨提示、银行系统升级、银行程序调试等），要求持卡人将银行卡资金通过ATM转到指定账户上，从而达到盗取持卡人资金的目的。再如，在自助银行门禁系统、ATM或POS机上加装读卡装置，套取客户银行卡上的磁道信息，并在ATM或POS上安装带摄像功能的MP4装置，摄取客户密码。

（三）防范措施

1. 不断增强甄别各类短信诈骗的意识

目前大部分银行都开通了银行卡取现、消费等短信提醒业务，且正规的短信内容必定包括发生交易的银行卡卡号（或卡号的最后若干位数）。由于发送虚假短信的不法分子并不知道持卡人的真正卡号，因此虚假短信中不可能含有发生交易的银行卡卡号信息。

2. 不断增强安全用卡意识

尽管不法分子进行银行卡诈骗的手段不断变换，花样层出不穷，例如冒充中国银联、发卡银行，甚至公安机关，采用短信、邮件、电话通知、信函等方式行骗，巧妙地利用部分持卡人担心资金安全的焦虑心理完成作案，但是，对付这些银行卡骗术并非难事，只要持卡人认真阅读发卡银行提供的有关使用说明和安全防范要求，具备基本的用卡常识，保管好自己的银行卡及密码，不要轻易向他人透露银行卡账户信息，不要轻易将资金转入陌生账户，诈骗分子也就无计可施了。

3. 及时采取必要的防范措施

如果对自己的银行卡在使用过程中确有疑问，应亲自到银行柜台办理，或者致电各发卡行的客户服务热线、中国银联客户服务热线（95516）等，在未经中国银联和发卡行客户服务中心核实前，请不要随意拨打短信中的陌生电话。如果发现自己银行卡内资金已遭受损失，应立即报案，并保留好基本信息。不要轻易接受“热心人”的帮助，防止他人窃取银行卡；不要轻易扔掉自动柜员机吐出的回单，如确实要扔掉，应将其撕碎，确保自己的账户信息无法被他人获取。

4. 安全取款“三部曲”

一看：取款前要注意观察身边是否有可疑人员，保证一米线内没有其他人，如果有人越线，应善意提醒其退后。

二摸：操作前要先摸两个地方：一是ATM上方挡板，尤其是按键器正上方，检查是否有异常凸起物。用于偷窥储户密码的针孔摄像头，一般都是安装在这个地方。二是磁卡插槽口，能够复制储户账户信息的读卡器就安装在这里。读卡器通常非常薄，只有3毫米左右，不细看很难发现。但再薄的读卡器也会使插槽口边缘略凸出于ATM机身，只要用手一摸，就能很明显地感觉到。此外，还可试着用手抠一抠，如果装有读卡器，就会出现明显松动，甚至脱落。

三挡：输入密码时，应有意识地用另一只手或书报等物挡住按键器，防止遭到偷窥。按键指法也有技巧，不宜用单指按键，应将五个手指都置于按键器上，多指配合输入，这样就给不法分子偷窥增加了难度。

四、非法集资与集资诈骗

（一）非法集资

非法集资是指单位或者个人，未按法定程序经有关部门批准，以发行股票、债券、彩票、投资基金或者其他债权凭证的方式，向社会公众筹集资金，并承诺在一定期限内以货币、实物以及其他方式，向出资人还本付息或给予回报的行为。

【案例】

1997年8月至2005年5月，戴雁、梁莉等人以支付高额利息为诱饵，采用民间“拢会”（非法集资组织）的方式，先后成立“拢会”41个，向900余名群众非法集资4 000多万元，严重扰乱了当地金融秩序，给社会稳定造成了极大危害。2006年12月，因非法吸收公众存款罪，分别判处戴雁、梁莉有期徒刑4年和7年。

【案例】

成都丽金花玫瑰生物科技有限公司亳州分公司（以下简称丽金花公司）以种植玫瑰、投资建设“丽金花万亩玫瑰生态园”和“丽金花公园”为名，与投资户订立合同，采取以下四种方式非法吸收公众存款。第一种是1年期合同，逐月返还，1年后返还本金和41%的利息；第二种是3年期合同，第一年返还本金和41%的利息，第二年有20%的分红，第三年有10%的分红；第三种是10年期合同，回报利润率每年60%，第四种是20年合同，首年最高利润率可达80%，平均每年利润率30%。截至2005年年末，丽金花公司先后非法吸收公众存款9 523余万元，涉及群众2 900余人，范围包括安徽省亳州、山东、河南的10余个市县。徽省公安机关对其法定代表人王振华以涉嫌非法吸收公众存款罪立案侦查。

（二）集资诈骗

集资诈骗是指以非法占有为目的，使用诈骗方法非法集资的行为。

【案例】

辽宁省公安机关破获了营口东华集团非法吸收公众存款案。经查，营口东华集团以养殖蚂蚁为名，以给予投资者35%~60%不等的高额利息为诱饵，通过设立的13家分公司及代办点，向3万余名群众非法集资近30亿元。营口市中级人民法院一审宣判，主犯汪振东犯集资诈骗罪，判处死刑，其余案犯以犯非法吸收公众存款罪，分别判处有期徒刑。

【案例】

原本是安徽省芜湖市某电厂普通工人的被告夏某与赵某，先后通过借钱验资、虚报注册资本的办法，注册成立三家公司，夏某出任公司法定代表人、董事长。两年间，他们虚构开发了“沿江十万亩意杨—药材复合生态林”等项目，并对愿意入股的市民承诺，以出让公司个人股权的方式，每月向投资购买股权者，按投资额4%~5%的比例分红，在合同约定的期限届满后，还会全部返还本金。夏某等人成立的公司并没有任何实际经营业务，采用的手段其实就是通过虚假宣传，以高息引诱市民投资，然后利用后期投资者的资金返还前期投资者分红及本金。经公安机关查实，夏某等人收到了全国投资款达5 100余万元，因而被警方抓捕。青岛市中级人民法院判决：夏某犯集资诈骗罪，判处死刑，缓期二年执行，剥夺政治权利终身，并处没收个人全部财产。

（三）防范非法集资与集资诈骗的措施

（1）认清非法集资的本质和危害，提高识别能力，自觉抵制各种诱惑。坚信“天上不会掉馅饼”，对“高额回报”“快速致富”的投资项目进行冷静分析，以免上当受骗。

（2）识别非法集资活动，主要看主体资格是否合法，从事的集资活动是否获得有关部门的批准，是否是向社会不特定对象募集资金，是否承诺回报（非法集资一般具有许诺一定比例集资回报的特点），是否以合法形式掩盖其非法集资的性质等。

（3）增强理性投资意识。高收益往往伴随着高风险，不规范的经济活动更是蕴含着巨大风险。因此，一定要增强理性投资意识，依法保护自身权益。

（4）增强风险意识。非法集资是违法行为，参与者投入非法集资的资金及相关利益不受法律保护。因此，当一些单位或个人以高额投资回报兜售高息存款、股票、债券、基金和开发项目时，一定要认真识别，谨慎投资。

五、其他常见的与金融有关的诈骗

（一）电话诈骗

电话诈骗是指犯罪分子利用电话，以欠费、退税、中奖等为理由，非法骗取客户的个人身份信息和银行账户等相关信息，运用高科技手段盗取客户资金的行为。

【案例】

一个上午的时间，一连3次电话转接，使无辜的方女士（化名）从被告知家庭电话欠费2 000元，到辛辛苦苦存下的48万元被骗得干干净净。

第一次接听

一个女人在电话里告诉方女士，她家电话欠费2 000多元，可能是电话线路被盗用了，让她提供身份资料后，电话被转接到“公安局”。

第一次转接

电话那边变成了一个男人的声音：“我是××市公安局的民警，你的电话被盗用了，因为你的身份证信息被一个犯罪团伙盗用。他们使用你的身份信息办了一张银行卡，将一部分赃款存在了卡上，目前，他们已被抓捕归案，而所有涉及案件的账户，包括你的其他银行卡将被冻结，你可将一部分存款转移到我们在银监会设立的安全账户中，以便随时取用，我现在就帮你转到银监会。”

第二次转接

简短的转接音之后，电话那头又是一个热情的女子声“你好，这里是银监会。警方会将我们设立的安全账户号码给你，你将钱直接存进去就可以了，保证你的资金安全。”方女士连忙答应。

第三次转接

刚过几分钟，方女士的手机响了，来电显示是“110”：“你现在按我们说的去存钱吧！但要全程保持和我通话。”方女士拿着手机，按照指引将存款取出并转到指定的账号之中。接下来的三天，方女士又先后按电话指示，分4次将48万元存款分别存进了多个账户。

当方女士警醒过来之后，她按照电话里的指示转存的48万元已经不知去向了。方女士捶胸顿足，追悔莫及……

1. 常见的电话诈骗手法

（1）冒充熟人打电话，以各种理由向被害人借钱。

（2）冒充银行工作人员发短信、打电话。诈称事主银行信用卡被透支，然后要求事主将银行账户内的现金按照指定操作转到其他账号。

（3）冒充司法机关工作人员打电话，诈称事主账户被盗用并涉及洗黑钱等，要求事主按照操作将账户余额转到指定账户。

（4）短信提供无担保贷款，然后以预付利息、保证金为由，对事主进行诈骗。当前，受全球金融危机的冲击，一些中小企业融资困难，该类信息具有一定的诱惑性。

（5）其他电话诈骗手法。

2. 防范措施

（1）接到要求借款的电话和信息，首先要确认对方的身份。

（2）对自称是银行、电信、公安机关及其他部门工作人员的电话，要亲自或通过“114”核查来电的号码，或到该单位实地核实。

（3）接到要求转账的信息一定要慎重，最好亲自到相关单位进行核实。

（4）中奖、无担保贷款等电话、短信基本可以确定是诈骗。

(5) 中老年人接到陌生电话和短信，要将电话或短信的内容告知子女或亲戚，共同商量，一起鉴别真伪。

(二) 外市兑换诈骗

外币兑换诈骗是指犯罪分子用人民币兑换大额外币的方式，骗取客户兑换假外币或在中国境内不能流通的外币。

【案例】

在外打工的四川某县张三，带着6 000元人民币准备回家过年。当汽车行驶到该县桃园镇时，上来了四个人，其中一人拿出外币（秘鲁币）悄悄向乘客进行兑换，其他三人也采取不同方式引诱乘客兑换。

缺乏外币知识的张三兑换了3 000元外币（秘鲁币）。到县城后，张三立即到当地人民银行咨询，得知秘鲁币根本不值钱，也不能在国内流通。

【案例】

退休的张大爷在街心公园遛弯，一名女士来到他面前，说父亲突患重病，急需人民币3万元，而她手头有1万美元现金，现在外汇牌价1美元兑换人民币6元多，因急需用钱，愿以1美元兑换3元人民币的汇率与张大爷兑换。

张大爷感觉对方可怜，同时还能赚3万多元，于是到银行取出3万元人民币，换回了该女士的“1万美元”。回来后到银行检验，发现这笔美元是假币，方知上当受骗。

防范外币兑换诈骗的措施如下。

(1) 我国的法定货币是人民币，所有的外币都不能在我国境内流通。

(2) 不要听信骗子的谎言，在街头与私人兑换外币。私自兑换外币，属违法行为。

(3) 需要兑换外币时，应到金融机构去兑换，以防骗子用假外币或作废的外币冒充真币。

第二节 增强防诈骗意识

增强防范意识，学会自我保护。多知道、多了解、多掌握一些防范知识，在日常生活中，做到不贪小便宜，不轻信花言巧语，不把自己的家庭地址等情况随便告诉陌生人，以免上当受骗。

一、对可疑信息的来源进行分析与核对

(1) 接到要求借款的电话和信息，首先要确认对方的身份。

(2) 对自称是银行、电信、公安机关及其他部门工作人员的电话，要亲自或通过“114”查询，或到该单位核实。

(3) 接到要求转账的信息一定要慎重，最好亲自到相关单位进行核实。

(4) 接到中奖、无担保贷款等电话、短信基本可以确定是诈骗。

(5) 中老年人接到陌生电话和短信，要将电话或短信的内容告知子女或亲戚，共同商量之后鉴别真伪。

二、妥善保管个人证件等资料

要注意保护自己的隐私，防止个人信息泄露。不要将自己及家人的通讯方式随便告诉陌生人，自己的身份证件不要轻易交给他人；妥善保管好自己重要的证件。

一旦受骗后要保存好相关证据，第一时间向公安机关报案，以便开展侦查，尽快破案。

主要参考文献

刘磊 . 2016. 农村金融改革与发展研究 [M]. 北京：中国财富出版社.

王亚林 . 2014. 实用农村金融知识读本 [M]. 兰州：兰州大学出版社.

杨伟坤，李巧莎，耿军会 . 2011. 农村金融知识读本 [M]. 北京：中国农业出版社.

杨子强 . 2012. 农村金融实用知识读本 [M]. 济南：山东人民出版社.

张红宇，等 . 2016. 金融支持农村一二三产业融合发展问题研究 [M]. 北京：中国金融出版社.

中华人民共和国农业部 . 2009. 农村金融知识 100 问 [M]. 北京：中国农业出版社.